Bibliografische Information der Deutschen Nationalbibliothek:

Die Deutsche Bibliothek verzeichnet diese Publikation in der Deutschen Nationalbibliografie; detaillierte bibliografische Daten sind im Internet über http://dnb.d-nb.de/ abrufbar.

Impressum:

Druck und Bindung: Books on Demand GmbH, Norderstedt Germany
ISBN: 9783668691247

Dieses Buch bei GRIN:

https://www.grin.com/document/423679

Michael Dienst

LANGSAMSURFEN. Eine fluidmechanische Phänomenologie und die RAIL-FIN-INTEGRATION bei Wasserkäfern

GRIN Verlag

LANGSAMSURFEN

Eine fluidmechanische Phänomenologie und die RAIL-FIN-INTEGRATION bei Wasserkäfern

Michael Dienst
BIONIC RESEARCH UNIT BERLIN

„Als Gregor Samsa eines Morgens aus unruhigen Träumen erwachte, fand er sich in seinem Bett zu einem ungeheuren Ungeziefer verwandelt."

Es ist der Mittwoch Vormitttag nach unserem Fotoshooting im Museum für Naturkunde, Berlin. Fotografieren mit offizieller Genehmigung. Unsere Bionik-Doktorandin Janine breitet die Beute des Tages auf dem Bildschirm aus; es ist das Brutto-Material mit jeder Menge Beifang. Das kann gut sein (man bekommt alles zu sehen), oder auch nicht (man bekommt alles zu sehen). Janine ist Designerin (gut) hat aber ein ausgesprochenes Faible für Insekten (abartig). Also betrachten wir Larven, Spinnen, Käfer. Neben dem, was wir eigentlich vorhatten zu fotografieren nimmt es einen nicht zu vernachlässigendes Datenvolumen ein; was wir suchten waren Fossilien und Petrefakte[1], insbesondere Gliedmaßen von Wirbeltieren; Hände. Aber nun Spinne, Käfer, Käfer, Spinne, Käfer. Diese Krabbelzeugs ist mir von je her suspekt. Ich hasse Camping. Und sage: Käfer, das sind für mich zunächst einmal nur! eingefrorene, hydraulische Konstruktionen. Erstarrt. Das ist zunächst einmal gar nicht so uninteressant. Denn die meiste Technik ist rigide und starr. Und dennoch bleiben Käfer irgendwie ungewohnt. Wenn ein Bioniker versucht, aus Konstruktionen der belebten Natur etwas Kluges zu lernen, hat aber nur starres auf der Technik-Seite im Repertoire, dann muss er zwangsläufig bei den Starrkörpern stöbern. Bei Pinguinen etwa ist man mit diesem Ansatz erfolgreich. Very Starr, very clever. Insekten sind eigentlich nur deshalb schlechte Kandidaten, weil ich sie nicht mag. Und jetzt das. Ein Käfer mit „Finne". Ein wenig abgeschrubbelt zwar, die Finne. Aber wahrscheinlich kratzt sie wörtlich laufend über den Boden; obwohl er angeblich „Kolbenwasserkäfer" heißt. Heißen soll.

Die belebte Natur hat in den Jahrmillionen der biologischen Evolution äußerst effiziente und Ressourcen schonende Lösungen hervorgebracht. Wir beobachten die Vielfalt biologischer Bauweisen, wir beschreiben und messen die teilweise bis an das physikalisch Machbare optimierte Funktionen, wir bewundern die von einer Einfachheit getragene Eleganz der Gestalt vieler Lebewesen. Beobachtungen in der belebten Natur inspirieren den Ingenieur zur Entwicklung neuer Produkte und Verfahren. Doch eine schlichte Nachahmung der Phänomene der belebten Natur scheitert, denn Konzepte, Bauweisen und Strategien der Biologie unterscheiden sich in erstaunlicher Weise von denen der Technik. Der erfolgreichen Teilhabe an einer effizienten biologischen Gestaltungslösung durch Technik geht daher in einem idealen Fall die Klärung

[1] Der Begriff „Versteinerung" oder veraltet „Petrefakt" (lateinisch *petra* Stein, *factum* „gemacht")[2] ist nicht gleichbedeutend, denn nicht jedes Fossil ist mineralisiert und liegt somit als eine Versteinerung vor.

ihrer physikalischen, chemischen und informationstechnischen Ursachen voraus. Die Bionik arbeitet auf diesem schmalen Grat; sie verbindet die Naturwissenschaften mit den Ingenieurwissenschaften. Aufgabe der Bionik ist es, Prinzipien der belebten Natur zu entschlüsseln, mit dem Ziel, diese auf künstliche Systeme, auf Artefakte, auf Maschinen oder Prozesse zu übertragen. Die Betrachtung von Ergebnissen der angewandten Bionik legt den Schluss nahe, dass durchaus strategische Handlungsweisen für die Übertragung von als optimal angesehenen biologischen Problemlösungen existieren [1].
Jedoch haben, von wenigen Ausnahmefällen abgesehen [2] [3] [4] [5] [6], die erheblichen Vorarbeiten auf dem Gebiet der Analyse biologischer Systeme nicht in dem erwarteten Maße zu Produkten oder technischen Innovationen geführt [7][8][9][10]. Eine Ursache dafür, dass Anzahl und Qualität von Produkten und Verfahren nach dem Vorbild der Natur weit hinter den Erwartungen aller mit Bionik Befassten zurückbleibt ist offenbar, dass die komplexen Zusammenhänge der Biologie nur unzureichend wiedergegeben werden und diese Informationen nicht in einer für den Produktentwickler geeigneten Form vorliegen. Seitens der Industrie besteht dennoch ein klares Interesse an Problemlösungen aus der belebten Natur[2].

KÄFER

Das Museum ist ein Forschungsort. Citizen Science – Bürgerforschung oder Bürgerwissenschaft – vereint zu Recht die Begriffe des Bürgers und der Bürgerin mit dem der Forschung, verstanden als der aufgeklärte, verantwortungsvolle und dem Gemeinwohl verpflichtete Umgang sowohl mit den Mitmenschen in ihrer kulturellen Vielfalt als auch mit den natürlichen Ressourcen. Der aktuelle Boom von Citizen Science kann als Ausdruck einer gesellschaftlichen Bewegung verstanden werden, sich aktiv an den Prozessen der Wissensgenerierung und auch der Wissensbewertung beteiligen zu wollen.
MISSION. Wir erforschen die Erde und das Leben im Dialog mit dem Menschen.
VISION. Als exzellentes Forschungsmuseum und innovatives Kommunikationszentrum prägen wir den wissenschaftlichen und gesellschaftlichen Dialog um die Zukunft unserer Erde mit – weltweit[3].

---

[2] Dienst, Mi.(2014).Computergestützte Vorgehensweisen der Übertragung biolo-gischer Phänomene in Technik. In: Joachim Villwock (Hrsg.) Methoden des Fortschritts. Shaker Verlag Aachen, ISBN: 978-3-8440-2932-1; ISSN: 2199-515X.
[3] Aus einer Broschüre des Museums für Naturkunde Berlin. https://www.museumfuernaturkunde.berlin/sites/default/files/citizensciencebroschuere.pdf

Fünfter Streich[4]

Wer in Dorfe oder Stadt
Einen Onkel wohnen hat,
Der sei höflich und bescheiden,
Denn das mag der Onkel leiden.
Morgens sagt man: »Guten Morgen!
Haben Sie was zu besorgen?«
Bringt ihm, was er haben muß:
Zeitung, Pfeife, Fidibus.
Oder sollt' es wo im Rücken
Drücken, beißen oder zwicken,
Gleich ist man mit Freudigkeit
Dienstbeflissen und bereit.
Oder sei's nach einer Prise,
Daß der Onkel heftig niese,
Ruft man: »Prosit!« alsogleich.
»Danke!« – »Wohl bekomm' es Euch!«
Oder kommt er spät nach Haus,
Zieht man ihm die Stiefel aus,
Holt Pantoffel, Schlafrock, Mütze,
Daß er nicht im Kalten sitze –
Kurz, man ist darauf bedacht,
Was dem Onkel Freude macht.
Max und Moritz ihrerseits
Fanden darin keinen Reiz.
Denkt euch nur, welch schlechten Witz
Machten sie mit Onkel Fritz!

[4] Dieses und folgende Bilder und Zitate aus: http://www.wilhelm-busch-seiten.de/werke/maxundmoritz/streich5.html

Was mit Käfern. Technik, ein funktionaler Artefakt, eine Maschine, ein Fahrzeug nach dem Vorbild einer Schabe oder eines Käfers ist möglich, aber schwer vorstellbar. Käfer sind so ganz anders, und: „Nein, nein, so würden wir das niemals bauen!" Der tradierte gut eintrainierte und direkt an der Oberfläche hausende Reflex eines Ingenieurs, der „natürlich" davon ausgeht, dass es einen Gestaltungsauftrag gibt, dem ein ganz bestimmter Design-Intent zu Grunde liegt, ist nicht eine Frage nach dem WARUM, sondern das kategorische Besserweiß: „So macht man das nicht". Eine durchaus praktische Herangehensweise. Wenn man keine Käfer mag. Außerdem gab es ja einen wirklich anderen, den eigentlichen Anlass im Museum zu stöbern und zu fotografieren.
Abends dann, als eine gewisse Ruhe einkehrt, nehme ich mir dieses merkwürdige Tier noch einmal vor. Dummerweise hatte ich mir keine Fotos aus dem Bruttomaterial mit nach Hause genommen. Wie hieß er noch? Egal. Ich bin angefixt. Womit fängt man an, wenn man nichts weiß? Über Krabbeltiere.

Jeder weiß, waſ ſo ein Mai–
Käfer für ein Vogel ſei.
In den Bäumen hin und her
Fliegt und kriecht und krabbelt er.

Max und Moritz, immer munter,
Schütteln ſie vom Baum herunter.

Gerade wenn man nichts weiß, und gerade, wenn man keinen Auftrag hat, purzeln die Anwendungen nur so auf das Papier. Soll das denn immer so bleiben? Er hat einen Kiel. Er hat eine Finne, der kleine Kerl. Nein weniger einen Kiel eher ein Rail. Ein Center-Rail. Und dann das: Rail und Finne hängen

„organisatorisch und konstruktiv" zusammen, erscheinen in einer integrierten Konstruktion. Darf man das? Man darf. Die Natur darf das! Dann schwimmt er womöglich gar nicht, er surft? Aloa. Genial. Aloa?, herrjeh das können wir doch noch gar nicht rechnen. Also schwimmt er erst mal, der kleine Kerl. Genau, Wasserkolbenkäfer! Der Wasserkolbenkäfer sei jetzt mal ein Halbtaucher. Das ist komplex genug für einen ersten Hub.

... Schütteln ſie vom Baum
herunter.

In die Tüte von Papiere
Sperren ſie die Krabbeltiere.

Fort damit und in die Ecke
Unter Onkel Fritzenſ Decke!

Und, Micha: finde einen eleganten Weg, jetzt irgendwie glaubwürdig zu vertreten und behaupten, Surfen sei nicht - unbedingt, immer, ausschließlich, alternativlos (HA!), notwendigerweise - Gleiten.

Surfen oder Wellenreiten (hawaiianisch: *he'e nalu*, englisch *surfing*) wird in der Regel an Küsten ausgeübt und besteht in einer gleitenden Bewegung über die

Wasserfläche. In seiner ursprünglichen Weise ist das Surfen schon annähernd 4000 Jahre bekannt. In vorchristlicher Zeit (etwa 750 v. Chr.) brachen die Polynesier aus ihrer mythischen Urheimat Hawaiki auf, um den gigantischen pazifischen Siedlungsraum sicher zu befahren. Durch ihre Reisen verbreitete sich auch das Surfen in der Südsee. Die Blütezeit erlebte das ursprüngliche Wellenreiten auf den Inseln von Hawaii und war von hoher gesellschaftlicher Bedeutung. So waren etwa die Strände mit den größten und besten Wellen den Königen vorbehalten. Moderne Surfboards unterscheiden sich in Größe und Gestalt, weisen aber gemeinsame, sinnfällige Grundmuster auf.

Die für Surfboards typischen und unterschiedlich ausgeführten Finnen am Heck des Brettes haben eine Gemeinsamkeit. Sie sehen ganz anders aus als das Unterwasserschiff des Kolbenwasserkäfers. Daran besteht kein Zweifel. Rail und Finne als Integralkonstruktion? Der Finnenteil ist sehr wagemutig konstruiert, erinnere ich mich; der Bug einfach nur doof gestaltet. Morgen wird mir Janine ein „-Mach-mal-was-mit-Wasserkolbenkäfern-Überzeugungs-Video-Link schicken. Aber davon weiß ich zu diesem Zeitpunkt noch nichts. Was ich weiß, ist: Alles was mir im Gedächtnis geblieben ist, widerspricht den guten Gestaltungssitten. Ist er vielleicht einfach noch nicht durchevolutioniert, der Kolbenwasserkäfer? War da mal wieder die Zeit zu kurz? Waren es nicht 285 Millionen Jahre?

Rail-Fin-Integration. Ach ja, es liegt wahrscheinlich an diesem fröhlichen Sport. Sie haben ja immer frei, diese Surfer. Typisch. Ein bisschen zu exaltiert. Ein Stück zu breit, ein bisschen zu laut! Das riecht nach Gras, Mann. Wenn jeder Ahnungslose, wenn jeder Surfer, jede Surferin, jedes Surfende sein/ihre Finne selbst gestalten darf, dann nutzen er, sie, es (?) es sofort und schamlos aus. Konstruieren ist doch eigentlich ein rares Privileg. Ich sage nur: Rail-Fin-Integration. Da war wohl ein Colani unter der Sonne Hawaiis unterwegs. Bleib mal in der Welle, Babe. Cool down. Fahr mal schön weiter mit den Brettern und Finnen von der Stange. Aber das wollen sie offenbar nicht. Für mich war bisher kaum ein Surfer so ein braver Kerl wie Michael Ho, der Bewunderte. Wer immer sich diese Rail-Fin-Integration (irgendwie genial) ausgedacht hat, der sollte wissen - das gebietet meine sportlich Fairness - dass man es sofort mit den Hardlinern der Strömungsmechanik zu tun bekommt. Mit Prandtl sowieso, mit Froude, Thompson und mit seinen Wellen von der kleinen, bösartigen Sorte, hier gibt es die ganze Packung: Diagonalwellen, Querwellen, Kelvin-

Winkel, Wellenausbreitungsgeschwindigkeiten, λ–π–Moden! So was halt. Es ist sehr (sehr) leichtsinnig!

..... Unter Onkel Fritzenſ Decke!

Bald zu Bett geht Onkel Fritze
In der ſpitzen Zipfelmütze;

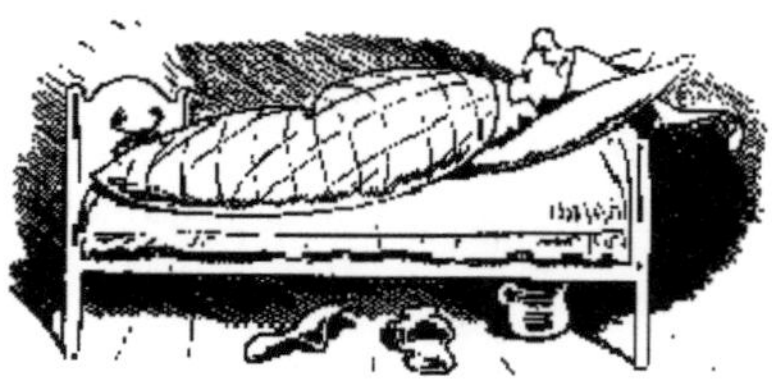

Seine Augen macht er zu,
Hüllt ſich ein und ſchläft in Ruh.

Ein surfender Käfer mit Rail-Fin-Integration. Das ist doch reichlich verrückt. Aber immerhin erführen wir auf diese Weise, wie schnell Du unterwegs sein darfst, wie groß deine theoretische Rumpfgeschwindigkeit sein mag, du kleiner Kerl. Daraus berechnen wir dann deinen Reynoldsbereich. Und wusch, kennen wir das Widerstandsgebaren. So gehen wir vor, so „knacken" wir deine physikalische Wechselwirklichkeit. Die klassische Argumentation.
Wahrscheinlich werden es ziemlich kleine Reynoldszahlen. Und schon fangen Probleme von einer ganz anderen Art an. Schließlich handelt es sich nicht um eine Downsizing –Ansatz, sondern um das schiere Gegenteil. Oder sollte das

Problem dimensionsunabhängig sein? Und was würden erweiterte Kenntnisse hinsichtlich dieser „Rail-Fin-Phänomenologie“ auf der Seite der maritimen Technik – wir hatten das zur Idee dieser ganzen Kampagne erklärt – auslösen oder wenigstens anstoßen?

...... und schläft in Ruh.

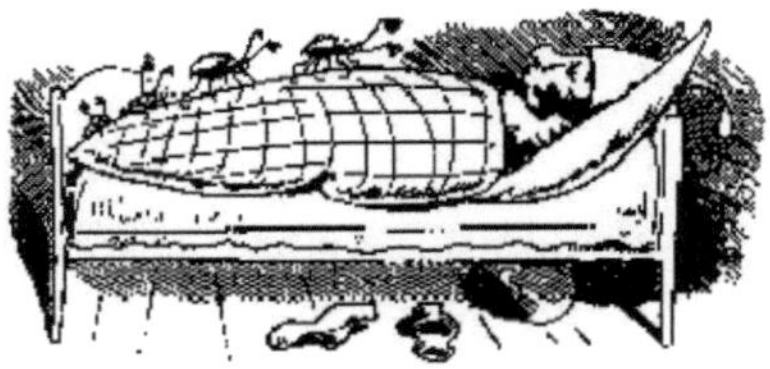

Doch die Käfer, kritze, kratze!
Kommen schnell auf der Matratze.

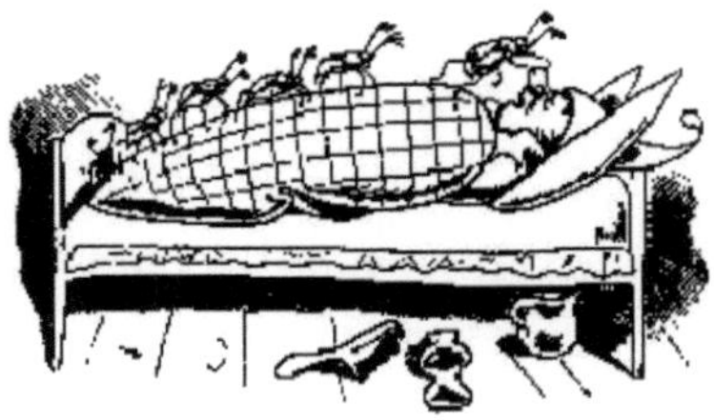

Schon faßt einer, der voran,
Onkel Fritzens Nase an.

Nun gut es gibt ja auch so etwas wie „formale“ Hoffnungen. In Besitz einer fluidmechanischen Innovation (hier ein surfender Käfer mit Rail-Fin-Integration, wie lächerlich), tauchen an avisierten technischen Strömungsbauteilen Qualitäten auf, die auf eine Leistungsoptimierung des Gesamtsystems zielen. Die Innovation stamme aus der systematischen Analyse physikalischer Wirkmechanismen der belebten Natur; wir sprechen also wir von Bionic Engineering. Downsizing und affine Skalierung bedeutet in diesem Zusammenhang die gestalterische Einflussnahme auf geometrische und funktionale Parameter einer maritimen Konstruktion. Jede Skalierung ist in

diesem Zusammenhang dann geometrisch affin, wenn die Topologie der Struktur und das relationale Zusammenspiel signifikanter Konstruktionsparameter erhalten bleibt .
Emergenz, das Auftauchen neuer Qualitäten kann zu extremen Funktionsüberlagerungen (Integration) Leistungsverdichtung (Kompaktheit) und zu mechanischer Robustheit (Resilienz) führen.

.... Onkel Fritzenſ Naſe an.

»Bau!« – ſchreit er – »Waſ iſt
daſ hier?!!«
Und erfaßt daſ Ungetier.

Und den Onkel, voller Grauſen,
Sieht man auſ dem Bette ſauſen.

Oftmals verändern sich dann weitere geometrische, funktionale und Prozessführungsgrößen in eine positive Richtung. Für zukunftsweisende Konstruktionen ist die funktionale Adaptionsfähigkeit, die Funktionsintegration, eine Leistungsverdichtung bei hoher Kompaktheit und systeminhärente Resilienz eine sehr vorteilhafte Kombination erwünschter Eigenschaften. Führen Emergentien gleichzeitig auf eine affine, kongruente Skalierung, nennen wir sie (vielleicht) SuPerformance[5]. Bei fluidischen Systemen wird Similarität der Strömungswirklichkeit in und um den Artefakten vorausgesetzt. Sind Aspekte der Skaliertheit der avisiert physikalisch gleichwertigen Konstruktionen von Belang, kann eine theoretische Herangehensweise mit der Ähnlichkeitstheorie erwogen werden.

Aber halt. Soweit sind wir noch lange nicht. Noch ist Mittwochabend, 24. Januar. Und aus irgendeinem Grund, bin ich gerade überhaupt nicht in der Stimmung, mich ins Bett zu legen. Und dort über Käfer, über Kolbenwasserkäfer nachzudenken.

Also gut. Das Rail, besser: das CenterRail. Wie war der Bug gestaltet? Ein Wave-Piercer? Ein Jollenbug, ein Yachtbug? Ich weiß es nicht. Nicht mehr. Versuche es mit kritzeln, skizzeln. Die zeichnende Hand fördert zu Tage, was das Hirn zwar weiß, aber gleichzeitig nicht weiß. Nicht auszuspucken weiß, sagt man, sage ich und komme ins Grübeln und noch nicht darüber hinweg. So ein mieser Trick, diese Rail-Fin-Integration, und: was für einen schlauen Titel hast du dir da für diese Kampagne ausgedacht, Mistviech.

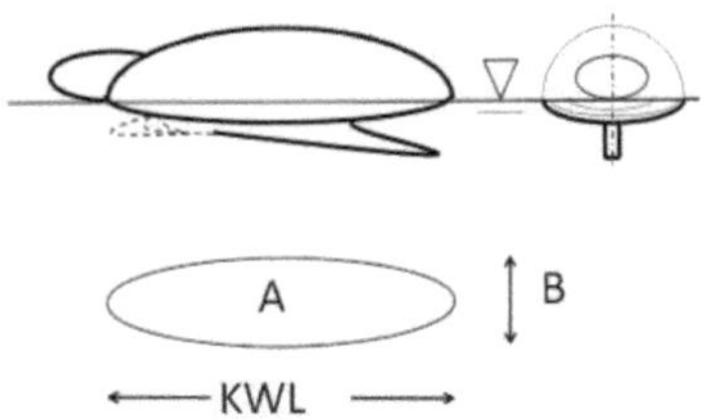

Formalanalytisch: Falls du auf der Wasseroberfläche schwimmst, du kleiner unbekannter Käfer, gehört eine grobe Abschätzung der Größenordnung des Form-, des Reibungswiderstands und – jetzt kommt es - des Wellenwiderstandes an der Phasengrenze Fluid (Wasser)-Fluid (Luft)- Solid (Käfer-Strömungskörper) zu den ersten Vorüberlegungen. Größe? Form? Wie groß war er noch, wie breit? Na ja, also - nicht so. Zur Form. Eher so, na käferförmig halt. Ich behaupte: bei Käfern passt Ellipsoid ja immer (aus: langjährige Erfahrung mit unserem VW-Käfer 1302). Größe? Form? Gewicht? Das schreiben wir uns auf, für morgen am PC. Wenn ich nicht mehr so Offline bin wie gerade. Wir alle wissen: Neben Klärung der relevanten geometrischer Kenngrößen des Käferkörpers und Kenngrößen des Fluides (Dichte,

[5] Dienst, Mi. (2017) DIE BUCKINGHAM SIMILARITÄT UND SUPERFORMANCE VON SURFBOARDFINNEN. The Buckingham- Law of Similarity and Superformance of Surf fins. GRIN-Verlag GmbH München.
Dienst, Mi. (2017) Superformance of Surfboard Fins. Bionik, Leistungsähnlichkeit und affine Skalierung. GRIN-Verlag GmbH München.

Temperaturbereich, Transportkoeffizienten) liefern Aussagen über das Wechselwirkungsgeschehen des „Unterwasserschiffes" im Strömungsfeld (Strömungsgeschwindigkeit und Strömungsrichtung) erste quantitative Aussagen in der frühen Phase einer bionischen Entwicklung respektive einer vulgärwissenschaftlichen Biosystemanalyse.

WELLEN UND WIDERSTAND

Eine Kenngröße im Wechselwirkungsraum eines jeden halbtauchenden Strömungskörpers ist der Wellenwiderstand, der in einem reichlich komplexem Zusammenhang steht mit geometrischen Parametern, etwa der Geometrie der (Stör-) Kontur an der Phasengrenze, energetischen Größen wie der theoretischen Wellenausbreitungs- und der tatsächlichen Strömungskörpergeschwindigkeit und anderen Parametern. Für eine erste Abschätzung des Wellenwiderstands werden Wellenwiderstandskoeffizienten aus Messreihen in Abhängigkeit von der Froude-Zahl in Tabellenform oder in Diagrammen angeboten. Im Laboralltag und in der Lehr- und Forschungspraxis werden diese Werte nicht selten graphisch und von Hand mit Lineal und Zirkel abgegriffen.
Aber gehen wir der Reihe nach vor und bauen das Widerstandsgeschehen um unseren kleinen Wasserkäfer sukzessive auf, bevor wir mit der Abschätzung des Geschwindigkeitsbereichs Re aus der Froudezahl Fr kommen. Für unsere Überschlagsberechnungen zum Strömungswiderstand von Halbtauchern betrachten wir lediglich stationäre, nichttransiente Effekte erster Ordnung und gehen vereinfachend davon aus, dass sich der fluidmechanische Gesamtwiderstand eines Halbtauchers in Fahrt mit der Summe aller Partialwiderstände die an diesem System auftreten, berechnen lässt.
Der Gesamtwiderstand des Systems aus der Summe der Partialwiderstände R_{Pi}, also dem Wellenwiderstand, dem R_W Reibungswiderstand, dem Formwiderstand R_O und $R_{F,}$ dem induzierter Widerstand R_I den wir später vernachlässigen können, weil ohne Auftreten von Querkräften gerechnet werden soll. Wir erhalten einen idealisierten Gesamtwiderstand:

Gesamtwiderstand am fluidischen System: $R = \Sigma R_P = R_W + R_F + R_O + R_I$

Die Aufteilung in Partialwiderstände sind keineswegs unumstritten; eine weitere Ausdifferenzierung der Partialwiderstände, bzw. die Betrachtung von

Verschränkungen und/oder Überlagerungen ist aber für unsere ersten, groben und das Wechselwirkungsgeschehen einschätzende Berechnungsaufgaben wenig vorteilhaft. Es gelten einige Grundaussagen über die Charaktere der Partialwiderstände. Dies ist dann nützlich, wenn aus den Beziehungen Similaritäten extrahiert werden [Die11-4][Her-04]. Werfen wir einen Blick auf die Nomenklatur einer Similaritätsanalyse mit den drei physikalischen Basis-Größen Länge, Zeit und Masse und einiger abgeleiteter Größen:

Symbol	Einheit	Größe	Dimension
L_0	[m]	Länge, charakteristische ~	L
λ	[m, rad]	Wellenlänge	L
t	[s]	Zeit	T
m	[kg]	Masse	M
A	$[m^2]$	Fläche	L^2
V	$[m^3]$	Volumen	L^3
v	$[m\ s^{-1}]$	Geschwindigkeit	$L\ T^{-1}$
c	$[ms^{-1}]$	Wellenausbreitungsgeschwindigkeit	$L\ T^{-1}$
a, g	$[m\ s^{-2}]$	Beschleunigung, (Erd~)	$L\ T^{-2}$
F, L, R	[N]	Kraft (Lift, Widerstand)	$ML\ T^{-2}$
E,W	[Nm], $[kg\ m^2 s^{-2}]$,[J]	Energie, Arbeit	$M\ L^2\ T^{-2}$
P	$[Nm\ s^{-1}]$,$[kg\ m^2\ s^{-3}]$, [W]	Leistung	$M\ L^2\ T^{-3}$
ρ	$[kg\ m^{-3}]$,	Dichte	$M\ L^{-3}$

Partialwiderstände:

R_W Widerstand, aufgrund des generierten Wellensystems.
Wellenwiderstand R_W ~ (v, L)
(Spezielle Art des Druckwiderstandes; Abhängig von der Geschwindigkeit v und der Länge L des Wellen erzeugenden Systems).

R_F Formwiderstand (Druckwiderstand) aufgrund der Umströmung der Körperkontur (benetzte Oberfläche).
Formwiderstand R_F ~ (v^2, V)
(Wirkung der Druckverteilung an einem umströmten Körper. Bestimmbar durch Integration über die gesamte Körperoberfläche; unter Berücksichtigung der Kraftkomponente in Anströmrichtung [Her-04].

Abhängigkeit von der Geschwindigkeit v des Systems und dem verdrängenden Volumen V).

R_O Widerstand aufgrund der Reibung an der benetzten Körperhülle.
Oberflächenwiderstand: $R_O \sim (v^2, A)$
(Wirkung der Wandschubspannung an einem Strömungskörper. R_O ist bestimmbar durch Integration über die gesamte Körperfläche unter Berücksichtigung der Kraftkomponente in Anströmrichtung [Her-04]. Abhängigkeit von der Geschwindigkeit v, der Viskosität des Mediums und der benetzten Oberfläche A des Systems).

R_I Induzierter Widerstand aufgrund fluiddynamischer Auftriebs- und Querkräfte.
Induzierter Widerstand $R_I \sim (v^{-2}, L^2)$
(Wirkung der durch dynamischen Auftrieb oder Querkraft generierten Randwirbel. Abhängig von der Geschwindigkeit $1/v^2$ und der Tiefe L^2 der fluidmechanisch wirksamen Bauteile).

Eine Similaritätsbetrachtung liefert qualitative Aussagen über den Einfluss einer Geometrievariation und der Transienz im Betrieb auf die Partialwiderstände. Die Proportionalitäten:

Welle:	R_W	$\sim$	(v, L)	$\sim$	(L^2, T^{-1})
Form:	R_F	$\sim$	(v^2, V)	$\sim$	$(v^2, L^3) \sim (L^5, T^{-1})$
Reibung:	R_O	$\sim$	(v^2, A)	$\sim$	$(v^2, L^2) \sim (L^4, T^{-1})$
Induziert:	R_I	$\sim$	(v^{-2}, L^2)	$\sim$	(T^{-2})

Ein Nachteil der partiellen Betrachtung ist, dass im Wellenwiderstand Komponenten der anderen Partialwiderstände enthalten sind, die beeinflusst werden von Deutungen oder Verfahren der messtechnischen Ermittlung von Schiffswiderständen (z.B. viskoser Druckwiderstandanteile, Einfluss der vom Tankrand reflektierten Wellen, usw). Im Reibungswiderstand R_R, im Formwiderstand R_F und im Wellenwiderstand R_W tauchen weitere Größen auf:

<u>Kräfte, Energie</u>

Formwiderstand	R_F	[N]	R_F	$= c_W \cdot A \cdot v^2 \cdot \rho/2$
Reibungswiderstand	R_O	[N]	R_O	$= c_r \cdot A \cdot v^2 \cdot \rho/2$
Wellenwiderstand	R_W	[N]	R_W	$= c_W \cdot A \cdot v^2 \cdot \rho/2$
induzierter Widerstand	R_I	[N]	R_I	$= c_I \cdot A \cdot v^2 \cdot \rho/2$
Widerstand des Halbtauchers	R	[N]	R	$= R_W + R_F + R_O + R_I$

Beiwerte

Reibung: glatt. Laminare Strömung	c_r	=	$1{,}327 \cdot (Re)^{-1/2}$
Reibung: glatt. Turbulente Strömung[6]	c_r	=	$0{,}074 \cdot (Re)^{-1/5}$
Reibung: rau. Turbulente Strömung[7]	c_r	=	$0{,}418 \cdot (2+lg(t/k))^{-2{,}53}$
induzierter Widerstand	c_I	=	$\lambda\, c_a^2 / \pi$

WELLEN IN WELLEN
Waves within Waves

Wellen. Ein Halbtaucher, ein Schiff in Fahrt, verursacht aufgrund seines gegebenen Volumens und Gewichts eine Verdrängung des Fluids und damit eine Ausweichströmung um sich, den „Störkörper", herum. In Fahrt herrscht nun eine nichtgleichmäßige Druckverteilung entlang der Körperkontur (genauer: der Wasserpass des Störkörpers). Ich möchte diese Argumentation nun für eine Betrachtung des (Wellen-) Widerstandsgeschehens an und um ein Wasserlebewesen, beziehungsweise anwenden auf den kleinen Wasserkäfer, einer Störkontur, die (nicht nur gelegentlich) als Halbtaucher unterwegs ist. Ganz formal gesprochen verursacht eine Druckminderung ein Wellental an der Störkörperkontur, eine Druckerhöhung entsprechend einem Wellenberg (an der Störkörperkontur). Wellen sind, in einer ersten stationären Betrachtung, rein konservative Systeme. Damit werden die Verhältnisse ein wenig übersichtlicher. Das von einer Störkontur generierte Wellensystem besteht somit aus superponierbaren Komponenten. Wir sehen: die (leicht gekrümmten) Diagonalwellen, die unabhängig von der Geschwindigkeit unter einem Winkel von etwa je 20° zur Fahrtrichtung auftreten und die Querwellen, senkrecht zum Kurs des betrachteten Systems.

Da wir einen sehr kleinen Schwimmkörper betrachten, ist zwingend davon auszugehen, dass die von der Störkontur angefachten Wellen das Untersystem eines viel langwelligeren Systems, einer makroskopischen Welle (einer Woge vielleicht) sein können oder tatsächlich sind. Ich möchte an dieser Stelle nur anmerken, dass wir diesen Umstand nicht vergessen haben, ihn aber vernachlässigen, weil es die lokale Widerstandskomponente unserer energetischen Betrachtung wenig beeinflusst.

---

[6] nach Prandtl

[7] Angabe der Rauigkeit k in [m]. Es gilt als glatt: k= 0,001[mm] = 10^{-3} [mm] = 10^{-6} [m].

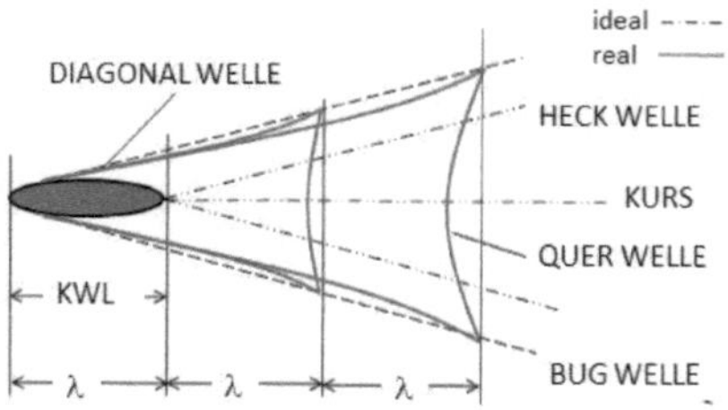

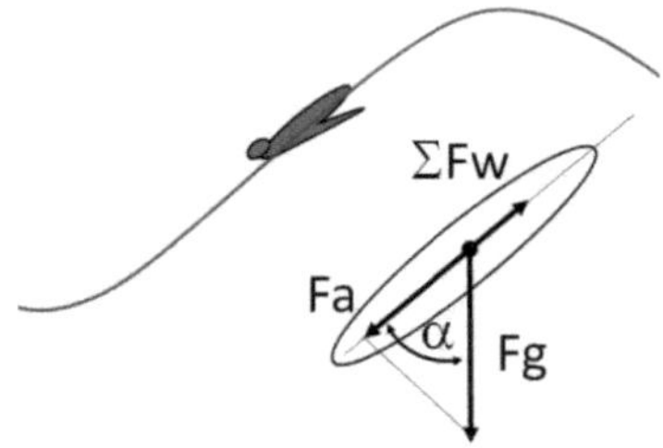

Vielmehr ist die Woge das Antriebselement des surfenden Systems. Antriebselement und Ursache, dass wir gleichsam während der gesamten Ausführungen davon ausgegangen sind, dass unser kleiner Freund „in Fahrt" sei. Natürlich paddelt er. Aber genau dieses Paddeln werden wir in dieser Kampagne nicht denken, nicht simulieren. Und ich füge hinzu: „weil wir es nicht können". Da wir uns aber sowieso mit „stationären Partialbetrachtungen" (in Fahrt, in Welle, in Widerstand, frei von Querkräften) zufrieden geben, stellen wir die Frage des Antriebs des Wasserkäfers hinan und „sehen nur, dass er fährt", der kleine Kerl.

Er fährt, er surft. Er ist klein. Er ist ein Halbtaucher. Wie aber kommt die Störkontur in unserem Modell auf seine Geschwindigkeit? Gibt es etwa einen Dämon, der das Käfermodell antreibt; in der Thermodynamik wäre das ein zulässiger (wenn nicht gerne gesehener, aber geduldeter) Ansatz. Nein, wir werden mit einer viel eleganteren Lüge arbeiten und legen den Fluch und den Segen der Wellen in die gleiche ebene: Wir lassen den Käfer einfach surfen. Das Vorhandensein eines übergeordneten, langwelligeren Wellensystems rechtfertigt diese Modellannahme. Vielleicht.

Die Froude[8]-Zahl Fr ist – wie wir oben schon gesehen haben - der wichtigste dimensionslose Parameter für die Beschreibung des - von einem sich in Verdrängerfahrt befindlichen Halbtaucher generierten - Wellenbildes. Dies gilt

[8] William Froude [fru:d] (* 28. November 1810 in Dartington, Devon, England; † 4. Mai 1879 in Simonstown, Südafrika) war ein englischer Schiffbauingenieur und Forscher auf dem Gebiet der Hydrodynamik.

auch und gerade für sehr kleine Seefahrzeuge. Der komplizierte Systemzustand „Verdrängerfahrt eines Habtauchersystems“ herrscht aufgrund einer selbst erregten Störung der Phasengrenze. Die Gestalt der Rumpfkontur des Halbtauchers ist dabei energetisch bedeutsam. In unsere Betrachtungen sollen aber nur einfachste Unterwasserkonturen Eingang finden. Der Käferkörper sei somit ein Ellipsoid. Formal beschreibt die Froude-Zahl das Verhältnis der Schiffsgeschwindigkeit v zu der Ausbreitungsgeschwindigkeit c jener Wellen, die beim Fortbewegen auf einer Phasengrenze entstehen.

Froude-Zahl: $Fr = v/c$ [-]

Für komplizierte Wellenmuster auf der Wasseroberfläche hatte William Thomson[9], der spätere Lord Kelvin, schon 1887 eine Theorie aufgestellt. Nach Kelvin können zu einem stationären Wellenmuster nur solche Wellen beitragen, deren Wellenzahl k größer ist als ein kritisches $k_g = g/v^2$. Für jedes $k \geq k_g$ hat die „Partial-Bugwelle“ einem k-abhängigen Öffnungswinkel 2 $\alpha(k)$. Der größte Winkel tritt für $k = k_g$ auf und hat den Wert 19,47 Grad[10].
Froude stellte als erster zuverlässige Formeln auf für den Widerstand, den das Wasser der Bewegung eines Schiffs entgegensetzt, und zur Vorhersage der Stabilität des Schiffs. Er setzte die bei einem durch Schiffe generierten Wellensystem induzierten Trägheitskräfte, die auf eine Oberfläche des Mediums wirken, zur herrschenden Schwerkraft ins Verhältnis. Die Froude-Zahl ist das Verhältnis der Schiffsgeschwindigkeit v zu der Ausbreitungsgeschwindigkeit c jener Wellen, die beim Fortbewegen der Störkontur an der Phasengrenze entstehen.
Eine Herleitung der Froude-Zahl führt über das Verhältnis der kinetischen und potentiellen Energien an einer Störkontur. In Fahrt verrichtet diese Arbeit und koppelt ständig Energie in das Medium Wasser ein. Das ruhende Medium erfährt bei einer (Schiffs-) Bewegung an seiner Phasengrenze eine Störung, die sich wellenförmig fortpflanzt. Setzt man die auftauchenden Energien ins Verhältnis, folgt:

die kinetische Energie $w_{kin} = ½\, m\, v^2$ $[kg\, m^2\, s^{-2}]$

[9] William Thomson, 1. Baron Kelvin, meist als Lord Kelvin auch Kelvin of Largs bezeichnet, (* 26. Juni 1824 in Belfast, Nordirland; † 17. Dezember 1907 in Netherhall bei Largs, Schottland) war ein in Irland geborener britischer Physiker.
[10] Neuste Untersuchungen legen den Schluss nahe, dass die als „Kelvin-Winkel“ bekannte Größe doch von der Geschwindigkeit der Störkontur abhängig ist.

die potentielle Energie $w_{pot} = m\,g\,h$ $[kg\,m\,m\,s^{-2}]$

$$(w_{kin} / w_{pot}) = ½\,m\,v^2 / m\,g\,h = ½\,v^2 / g\,h \sim v^2 / g\,L \quad [-]$$

Die Ausbreitungsgeschwindigkeit c der Welle ist bei genügend großen Wassertiefen eine Funktion der Wellenlänge λ.

$$c^2 = g\,\lambda \,/\, 2\,\pi \quad [m^2\,s^{-2}]$$

Die entscheidende Wellenlänge ist bei artifiziellen Systemen (Schiffen) die Lücke zwischen Bug und Heck (Wasserlinienlänge $L= \lambda/2\pi$). Für Biosysteme gilt natürlich Entsprechendes, auch wenn hier die Nomenklatur (Bug, Heck) weniger gebräuchlich ist. Die Froude-Zahl ist das Verhältnis der Geschwindigkeit des Störkörpers v zur Ausbreitungsgeschwindigkeit c der von diesem erzeugten Wellensystem in der aus der Literatur bekannten Darstellung:

$$Fr^2 = v^2 / c^2 \quad [-]$$

$$(w_{kin} / w_{pot}) \sim v^2 / g\,L = Fr^2 \quad [-]$$

Froude-Zahl: $$v \cdot (g \cdot L)^{-0,5} = Fr \quad [-]$$

Ich erwähnte oben, dass die Gestalt der Rumpfkontur energetisch bedeutsam sei. Hier, am Wasserpass des Biosystems Käfer, stoßen die drei sich gegenseitig beeinflussenden Systemphasen aufeinander: Luft und Wasser (fluid) sowie der Körper (solid) bilden einen komplexen Wechselwirkungsraum. Er enthält die für das Wellenwiderstandsgebaren des Schiffes entscheidenden Qualitäten. Die Physik der Fluid-Fluid-Solid-Wechselwirkung im Dreiphasengebiet ist sowohl mess- als auch simulationstechnisch anspruchsvoll. Gleichzeitig locken an der Phasengrenze aber die großen Margen an den (Wellen-) Widerstand mindernden Effekten; für den Optimierer ein Dilemma. Auf eine handliche Weise quantifiziert die (integrale) dimensionslose Froude-Zahl den komplexen Strömungszustand für einen ersten Überblick. Man unterscheidet für die integrale Form drei Bereiche: (1) Bei niedrigen Froude-Zahlen werden Wellen erzeugt, die nahezu senkrecht zur Fahrtrichtung des Schiffes verlaufen. Ab einer Froude-Zahl $Fr> 0,35$ steigt der Wellenwiderstand sehr stark an. Zum einen wachsen nun die Amplituden der Querwellen stark, andererseits überlagern sich die Partitionen des schiffseigenen primären Wellensystems ungünstig. (2) Für hohe Froude-Zahlen dominieren sehr viel kürzere Wellen, die in kleinen Winkeln zur Fahrtrichtung verlaufen. Bei einer Froude-Zahl um 0,4 überlagern sich die Heck- und die Bugwelle derart, dass der zweite Wellenberg der Bugwelle auf die Heckwelle trifft. (3) Bei einer Froudezahl um 0,56 trifft das Tal der Bugwelle auf die Heckwelle; es kommt zu Interferenzen, bei denen sich Wellenpartitionen neutralisieren können. Vergleichsweise klein ist der Wellenwiderstand für Froude-Zahlen Fr<3.5. Ein technisches, fluidisches System, ein Schiff, befindet sich diesseits jener kritischen Grenze, an der (nichtlinear) mehr Energie umgesetzt werden muss, um die Fahrgeschwindigkeit weiter zu erhöhen. In diesem Froude-Bereich ist das transportenergetische Minimum des Systems zu erwarten; dies sollte für technische und biologische Systeme gleichermaßen gelten. Ganz nebenbei erhalten wir aus den Betrachtungen über die Froude-Zahl eine weitere und für alle halbtauchenden Strömungskörper sehr wichtige Kennzahl. Für die Wasserlinienlänge ist die Wellenausbreitungsgeschwindigkeit gleich der theoretische Rumpfgeschwindigkeit. Es ist die Geschwindigkeit, mit der die Störkontur im (selbst erzeugten) Wellensystem „gefangen" bleibt.

$$c = v_{THEOR.} = (g \cdot L)^{-0,5} \qquad [\, m\, s^{-1} \,]$$

Die Kenngröße des Wechselwirkungsgeschehens des halbtauchenden Strömungskörpers im Strömungsfeld ist der Wellenwiderstand Rw, der in einem komplexem Zusammenhang steht mit geometrischen Parametern, etwa der Geometrie der (Stör-) Kontur an der Phasengrenze, energetischen Größen wie der theoretischen Wellenausbreitungs- und der tatsächlichen Strömungskörpergeschwindigkeit und damit der Froudezahl Rw = f (Fr).

$$Rw = f\,(v \cdot (g \cdot L)^{-0,5}) \qquad [\, N \,]$$

Für eine erste Abschätzung des Wellenwiderstands werden in der Praxis der (frühen Phase der) Produktentwicklung Wellenwiderstandskoeffizienten aus Messreihen in Abhängigkeit von der Froude-Zahl in Tabellenform oder in Diagrammen angeboten. Im Laboralltag und in der Lehr- und Forschungspraxis werden diese Werte nicht selten graphisch und von Hand mit Lineal und Zirkel abgegriffen. Der nachstehende Aufsatz führt auf eine Darstellung des Wellenwiderstandskoeffizienten als Funktion der Froudezahl c_{WELLE}=f(Fr) in einer Ersatzfunktion (Polynom 3ten Grades) die bestimmte Gütekriterien erfüllt und auch für numerische Implementationen geeignet ist.

Ersatzfunktion. Ein Spline n-ten Grades ist eine Funktion, die stückweise aus Polynomen (n-ten) Grades zusammengesetzt ist. Dabei werden an den Stellen, die zwei Polynomstücke koppeln bestimmte Bedingungen gestellt, etwa dass der Spline (n-1)-mal stetig differenzierbar sei. Ist der Spline eine stückweise lineare Funktion, so heißt er linear (Polygonzug); analog gibt es quadratische, kubische Splines usw. Der Begriff Spline wurde zuerst in einer englischen Veröffentlichung von Isaac Jacob Schoenberg im Jahr 1946 für glatte, harmonische, zusammengesetzte mathematische Kurven dritten Grades eingeführt. Splines dienen der Interpolation und Approximation von Kurven aus vorgegebenen Wertemengen, beispielsweise Berechnungs- oder Messdaten. Durch ihre stückweise Definition sind sie flexibler als Polynome und dennoch relativ einfach. Namensgebend ist die in der Schiffskonstruktion und Yachtdesign verwendete elastische „Straklatte" (engl.: spline), eine Art flexibles Lineal das an einigen Stützstellen (Knoten) durch Gewichte (Molche) fixiert wird und eine (natürlich) gekrümmte Linie abbildet. Die Krümmung der Kurve entspricht dabei der eines kubischen Splines, durch die an Normalkraft freien Lagerungen an den Stützstellen ist die Spannungsenergie der Straklatte minimiert, sie weisen eine minimale Gesamtkrümmung auf. Jedes Teilstück der Kurve ist dabei durch eine kubische Parabel mit den Koeffizienten ai, bi, ci und di definiert .

kubische Parabel $aix^3 + bix^2 + cix + di$

Die hier verwendeten kubischen Splines sind zweimal stetig differenzierbar. Alle gegebenen Punkte sind Stützstellen der Kurve und zugleich Nahtstellen zwischen den Teilkurven. In den Stützstellen stimmen jeweils sowohl beide Funktionswerte der zusammentreffenden Teilkurven, als auch die ersten S'i(xi) und die zweiten Ableitungen S''i(xi)`an der Stelle i überein (lead in, lead out).

Datenbasis. Das Wellensystem um einen Strömungskörper und das Widerstandsgeschehen ist in entscheidendem Maße von den Wechselwirkungen im Strömungsfeld determiniert und darf nicht unabhängig von der Gestalt der Störkontur betrachtet werden. Das Dilemma: Auf genau solche Angaben aber ist man in der frühen Phase sowohl der Biosystemanalyse als auch der Entwicklung technischer Produkte angewiesen. Es ist somit fraglich, inwieweit auf der Grundlage von Messungen an Schiffen auf physikalische Analogien zum Widerstandsgebaren eines Biosystems, etwa dem Wellenbild eines sehr kleinen

Halbtauchers in Fahrt verwiesen werden darf. Sichtet man jedoch die einschlägige Literatur und vergleicht Messungen unterschiedlicher Strömungskörper und/oder Schiffstypen miteinander, werden Ähnlichkeiten, Analogien und gewisse Grundmuster sichtbar. Lieferte Froude einen ersten Ansatz, so war es J.H. Michel der schon 1898 einen auf Froudes Arbeit basierenden nicht-linearen Lösungsansatz für den Einfluss durch Schiffsbewegung stammender Wellen auf den Wiederstand lieferte. Mitchel-Integrale sind auch heute noch theoretische Grundlage leistungsstarker numerischer Simulationssysteme. In Verbindung mit so genannten Neutralkörpern oder Standardrumpfformen lassen sich durchaus generalisierte Aussagen zu der Art der Abhängigkeit der Wellenwiderstandskoeffizienten von der Froudezahl ermitteln. Eine gut untersuchte Rumpfformen ist die des sogenannten Wigley Rumpfes. Er ist mathematisch definiert und wird regelmäßig für Tests und Validierung verwendet. Per Definition ist der Wigley Rumpf ein (einfaches) vollparametrisches Modell mit Breite, Tiefgang und Höhe als Parameter, um die Schiffform (oft durch Länge normiert) zu determinieren.
Stellvertretend für zahlreiche Messungen an Neutralkörpern und Schiffen habe ich Daten zur Grundlage meiner weiteren Betrachtungen gemacht, die aus einer vergleichenden Darstellung von Messungen und evaluierenden Berechnungen mit Mitchel-Integralen stammen [Gotm-02][Shar-69]. Es ist anzumerken, dass Mitchels Ansatz für Froudezahlen Fr>0,23 sehr gute Übereinstimmungen mit Messergebnissen zeigt. Für Froudezahlen Fr < 0.2 ist der Einfluss der Viskosität des Fluids bedeutsam, die Berechnungen und Messungen zu unterschiedlichen Fluidsystemen weichen teilweise erheblich voneinander ab. Die Absolutwerte der Wellenwiderstandskoeffizienten bewegen sich hier allerdings in einem Bereich bis etwa cW < 0,0003. Stellvertretend (und aus meiner persönlichen Sicht) repräsentativ für eine Vielzahl von veröffentlichten Kurven für Wellenwiderstandskoeffizienten als Funktion der Froudezahl wurde bewusst Sharma's Messkurve ausgewählt, digitalisiert und in bereichsweise Splines überführt. Die so stückweise definierten Polynome erfüllen die Forderung zweimal stetig differenzierbar zu sein. Die Koeffizienten der Splines ai; bi; ci; und di können unmittelbar in numerische Berechnungsprozeduren oder Tabellen übernommen werden. Graphen, Erzeugendendateien und weitere Berechnungsdaten sind dem Anhang zu entnehmen.
Die Intervalle (x-xi) entsprechen den zugrundeliegenden Bereichen der Froudezahlen, S ist der den Argumenten x zugehörige Wert des

Wellenwiderstandskoeffizienten c_W. Die Schar der Tabellen, Diagramme, Nennungen und Graphen für Werte des Wellenwiderstands-koeffizienten c_W über der Froudezahl Fr ist unübersichtlich und vielzählig. Es ist sicher eine gute Idee, zu jeder anstehenden Forschungs- oder Entwicklungsaufgabe eine problembezogene Ermittlung der Wellenwiderstandskoeffizienten durch Messungen oder ermöglicht durch stetig wachsende Computerverfügbarkeit, durch Simulationsrechnungen durchzuführen. In Anbetracht des doch erheblichen Deklarationsaufwandes für einen stückweise definierten kubischen Spline und vor dem Hintergrund, dass heute jedes Bauhaus-Handy leistungsfähiger ist, als alle meine PCs der vergangenen 30 Jahre zusammen, stellt sich die Frage, ob die Mitchel-Integrale nicht vielleicht direkt, vor Ort und in nahezu Echtzeit berechnet werden sollten.

<u>Polynom der Erwartungswerte kumulierter Mess- und Berechnungsdaten.</u>

$C_W]_I\,(x) = a_i\, x_i^3 + b_i\, x_i^2 + c_i\, x_i + d_i$ mit Fr=x

Intervall			Polynom	
[0.. Fr ..0,2]	C_W 0(Fr) = -0,03 Fr^3			
[0,2.. Fr ..0,3]	C_W 1(Fr) = 0,55 Fr^3 -	0,34 Fr^2 +	0,07 Fr	
[0,3.. Fr ..0,43]	C_W 2(Fr) = -0,76 Fr^3 +	0,83 Fr^2 -	0,28 Fr +	0,03
[0,43.. Fr ..0,55]	C_W 3(Fr) = 0,42 Fr^3 -	0,68 Fr^2 +	0,37 Fr -	0,06
[0,55.. Fr ..1]	C_W 4(Fr) = -0,01 Fr +	0,01		

Erwartungswerte kumulierter Mess- und Berechnungsdaten.

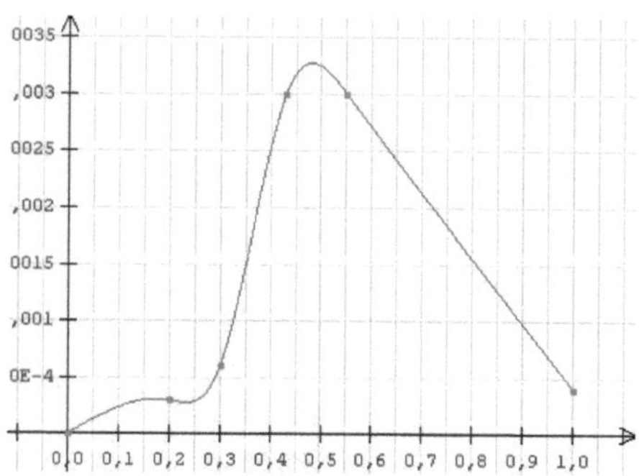

Sehr viel mehr Theorie können wir in Abwesenheit des Kolbenwasserkäfers, beziehungsweise seiner geometrischen Grunddaten nicht mehr treiben. So fasse ich für einen ersten Hub zusammen. Sehr wahrscheinlich bewegt er sich als Halbtaucher im Medium Wassser fort und vielleicht sogar surft er, der kleine Käfer. Das möchte ich ihm in diesem Stadium der Untersuchung unterstellen. Gleichsam ist das eine mächtige Annahme, denn über das Halbtauchersurfen ist zum rezenten Stand der Technik und der Wissenschaft wenig bekannt. Nun, wir kennen derartige Surf-Zustände bei kleinen Fahrzeugen; auch in Verdrängerfahrt. Wir werden den Kolbenwasserkäfer behandeln wie einen Verdränger-Schwimmkörper, ihm die oben dargestelllten Widerstandsmodelle zuweisen und ferner davon ausgehen, dass er – wie alle artifiziellen Störkonturen in seinem von ihm selbst erzeugten Wellensystem gefangen bleibt. Und ebenfalls Wellen werden es sein, die ihm Vortrieb verschaffen. Um zu überprüfen, ob diese Hypothese platzt oder taugt, werden wir anschließend ein erstes geometrisches Modell entwerfen und eine wichtige Randbedingung näher untersuchen, den – so hoffe ich relevanten – Geschwindigkeitsbereich des Kolbenwasserkäfers in Verdrängerfahrt.

REYNOLDSZAHLEN

Geschwindigkeitsbereich und Reibungsmodell. Schon geraume Zeit bevor industrielle Schiff- und Flugzeugbauer Windkanäle nutzten um ihre Fahrzeuge systematisch zu optimieren, hatte der Physiker Osborne Reynolds beschrieben, dass sich Zustandsgrößen des Strömungsfeldes, respektive die lokale Geschwindigkeit und Konstruktionsparameter des Fluidsystems, hier signifikante Längenabmessungen, dann linear variieren lassen, wenn sie auf die Transportkoeffizienten des realen, reibungsbehafteten Fluids bezogen werden.

Reynolds-Zahl $Re = v \cdot L/\nu$ [-], aus $[m \cdot s^{-1} \cdot m \cdot m^{-2} \cdot s]$

$Re = v \cdot L/\eta$ [-], aus $[kg \cdot m^{-3} \cdot m \cdot s^{-1} \cdot m \cdot (kg \cdot s^{-1} \cdot m^{-1})^{-1}]$

Die dimensionslose Reynolds-Zahl (Re) stellt das Verhältnis von Trägheits- und Zähigkeitskräften dar. Für reibungsfreie, ideale Flüssigkeiten ist das Verhältnis jedoch unendlich. Dies genau ist der Grund, weswegen auch moderne Strömungsmechaniker ihre Modellannahmen und fluidmechanischen Analysen mit einer (manchmal sogar groben) Reynoldsbetrachtung einleiten. Durch die Transportkoeffizienten im Nenner der Reynoldszahl rückt die physikalische (Wechsel-) Wirklichkeit der realen Welt ein wenig näher. Die Transportkoeffizienten η und ν sind dieserart wichtige Stoffgrößen in der Fluiddynamik und sie sind über einen weiteren Stoffwert, der Dichte des Mediums ρ, mit einander gekoppelt. In Tabellenwerken sind beide Darstellungen (mit und ohne expliziter Dichte des Mediums ρ) gebräuchlich, in der Fluidmechanik der Außenströmungen aber die dynamische Viskosität η relevant und ein Maß für die Zähflüssigkeit eines Fluids. Je größer die Viskosität, umso mehr nimmt die Fließfähigkeit ab. Deshalb ist es für Beobachtungen im täglichen Leben sinnfälliger, die Fließfähigkeit oder die „Fluidität“ einer Substanz zu beschreiben, also den Kehrwert $1/\eta$. Der Begriff der Viskosität ist eng verwoben mit der Vorstellung eines Widerstands gegen Scherbewegung innerhalb des Fluids. Die kinematischen Viskosität ν trennt die dynamische Viskosität η vom Dichteeinfluss des Mediums[11]. Die Viskosität ist sowohl temperatur- als auch druckabhängig.

Um nun einen Geschwindigkeitsbereich und ein erstes Reibungsmodell für die Verdrängerfahrt des Kolbenwasserkäfers zu ermitteln, treffen wir ein paar geometrischen Annahmen, nennen wir sie „Voreinstelllungen“, die bei einer genaueren Quantifizierung später neu beladen werden können. Betrachten wir die Modellannahmen für einen Kolbenwasserkäfer, Geometrie und Masse.

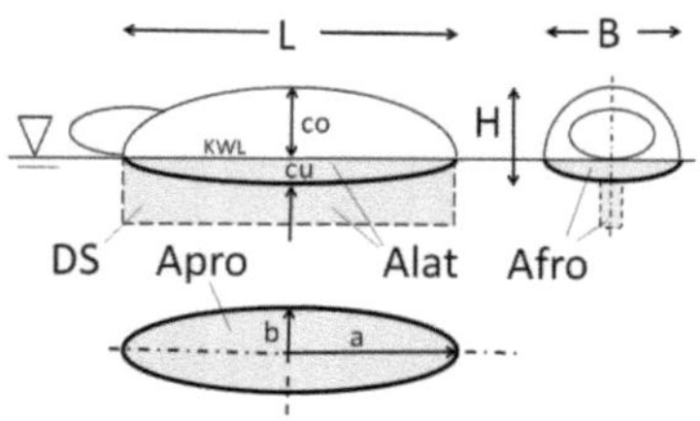

Modell Kolbenwasserkäfer (adult)												
L/2	B/2	H = co + cu		totAfro	xyARFI	Apro	xzARFI	totALat	Vol*	Dichte	Masse	
a	b	co	cu			benetz		benetzt				
m	**m**	**m**	**m**	**m^2**	**m^2**	**m^2**	**m^2**	**m^2**	**m^3**	**kg/m^3**	**kg**	
0.025	0.01	0.015	0.005	0.00016	0.0001	0.00079	0.001	0.00179		1000	0.016	
25 10^{-3}	**10 10^{-3}**	**15 10^{-3}**	**5 10^{-3}**	**260 10^{-6}**	**100 10^{-6}**	**785 10^{-6}**	**1 10^{-3}**	**1,78 10^{-3}**	**15.7 10^{-6}**	**1 10^{3}**	**15.7 10^{-3}**	

[11] Transportkoeffizienten und Dichte für Wasser [Hüt-02].

Stoff (20°C)	dyn. Viskosität η [kg·s−1·m−1]	Dichte ρ [kg·m−3]	kin. Viskosität ν [m2·s−1]
Wasser2	1,01 · 10−3	0,998 · 10 3	1,012 · 10−6

Länge, Breite Höhe (Vollkörper):	$L = 2a$; $B = 2b$; $H = c1 + c2$;
Projezierte Fläche (Unterwasserbereich):	$Apro = a\, b\, \pi$
Frontale Fläche (Unterwasserbereich):	$Afro = b\, cu\, \pi / 2 + xyARFI$
Fläche der RFI (Rail-Fin-Integration = DS):	ARFI = F(DesignSpace)
Lateralfläche (Unterwasserbereich):	$Alat = (\pi\, a\, cu / 2) + xzARFI$
Volumen $V^* = 4\pi abc/3$,(Vollkörper):	$Vol = ((4\, \pi ab\, cu / 3) + (4\pi ab\, co/3))/2$
Masse (Vollkörper):	$m = \rho\, Vol$

Für eine beliebige Störkörperkontur mit der Konstruktionswasserlinie KWL in Verdrängerfahrt ist der theoretische Geschwindigkeits-Betriebsbereich $\{0<v<c\}$ durch die Wellenausbreitungsgeschwindigkeit c nach oben hin begrenzt: $c = (g\ KWL)^{-0.5}$. Für unser Wasserkäfermodell mit einer Wasserlinie KWL = 0.05 [m] folgt damit ein – für ein kleines Tier durchaus beachtlicher - Betriebsbereich von $\{0<v[ms^{-1}]<0.7\}$. Die kinematische Viskosität ν von Wasser ist $\nu = 1.012 \cdot 10^{-6}$ $[m^2 \cdot s^{-1}]$. Die theoretisch (maximale Grenz-) Reynolds-Zahl für die signifikante Wasserlinienlänge KWL des Wasserkäfermodells ist $Re= c \cdot KWL/\nu$ [-] mit einer Wellenausbreitungsgeschwindigkeit c ergibt sich somit zu einer theoretisch maximalen Reynolds-Zahl des Kolbenwasserkäfers:

$$Re_{maxTHEOR} = c \cdot KWL/\nu = 3500$$

Zu den Reibungswiderstandskoeffizienten. Nach Prandtl besteht im Falle einer turbulent ausgebildeten (aber noch eben ablösefreien) Strömung eine Reynolds-Abhängigkeit für den Widerstandskoeffizienten $c_r \sim (Re)^{-1/5}$. Für eine raue Platte schlägt Prandtl eine Abhängigkeit zur relativen, auf eine signifikante Länge L bezogenen Rauigkeit k vor: $c_r \sim (L/k)^{-2,53}$. Die Kennwerte beziehen sich auf Prandtls Experimente mit ebenen Platten und gelten in der Fluidmechanik als übertragbar auf konvex gekrümmte Strömungsbauteile, vornehmlich Tragflügel. Wir haben hierzu den Größenordnungsbereich der Fahrgeschwindigkeiten für das Wasserkäfermodell ermittelt. Für die Reibungswiderstandskoeffizienten berechnen wir mit der theoretisch maximalen Reynolds-Zahl des Kolbenwasserkäfers und einer Rauigkeit im Unterwasserbereich und mit der Rauigkeit $k>10^{-3}$[m] die (maximalen) Reibungskoeffizienten erster Näherung:
turbulente Strömung (glatte, ebene Platte): $\mathbf{c_r = 0.015}$ $=0.074 \cdot (Re)^{-1/5}$

turbulente Strömung (raue[12] ebene Platte): $\mathbf{c_r = 0.07}$ $\quad = 0.418 \cdot (2 + \lg(L/k))^{-2,53}$

Mit den Reibungskoeffizienten $\mathbf{c_r}$ ermitteln wir das bei gegebener Lateralfläche maximal erwartbare Reibungsaufkommen R_O als Funktion der Geschwindigkeit:

Reibungswiderstand[13] $\quad R_O = c_r \cdot totALat \cdot v^2 \cdot \rho/2 \quad [N]$

				Geschwindigkeitsbereich							
Kondition			Re	500	1000	1500	2000	2500	3000	3500	--
	cr		V	0.1	0.2	0.3	0.4	0.5	0.6	0.7	ms^{-1}
glatt	0.015		Ro	0.13	0.54	1.21	2.15	3.36	4.83	6.58	10^{-3} N
rau	0.07		Ro	0.63	2.51	5.63	10.0	15.65	22.53	30.67[14]	10^{-3} N

WELLENREITEN UND HALBTAUCHERSURFEN

Was ist unter dem Surfen der Halbtaucher zu verstehen? Das Standardwerk für den Yachtsport ist das vom Deutschen Hochseesportverband herausgegeben und empfohlene Lehr- und Ausbildungsbuch SEEMANNSCHAFT[15]. Um das Halbtauchersurfen zu verstehen, Lesen wir uns dort erst mal ein wenig ein:

Surfen wird oft mit dem Gleiten verwechselt, ist aber etwas völlig anderes. Während Gleiten auch sehr gut bei glattem Wasser funktioniert und einem Zusammenspiel von geringem Bootsgewicht, viel Auftriebskraft und günstiger Rumpfform darstellt, sind zum Surfen vor allen hohe und lange Wellen nötig. Dann können sogar sehr schwere Verdrängeryachten ins Surfen kommen.
Das funktioniert so: Normalerweise ist die Fortpflanzungsgeschwindigkeit der Wellen größer als die Geschwindigkeit des Bootes. Es muss also versucht werden sich von einer Welle mittragen zu lassen. Läuft eine entsprechend große Welle von achtern auf, fällt der Steuermann soweit ab, dass die Jolle sich mit Heck auf den Kamm der Welle setzen kann. Die Besatzung rutscht jetzt ganz

[12] Signifikante Länge hier L = KWL. Zur Rauigkeit k: glatt: $k = 10^{-6}$ [m] und rau: $k > 10^{-3}$[m]
[13] Maximale Lateralfläche totALat = 0.00179 m2 und einer Dichte $\rho = 500\ kgm^{-3}$
[14] Inflation: $31 \cdot 10^{-3}$ Newton sind weniger als ein Furz!!
[15] [Han-16] Hansa e.V. (2016) SEEMANNSCHAFT. Handbuch für den Yachtsport. Delius Klasing Verlag Bielefeld. 31. Auflage. ISBN 978-3-7688-3248-9.

nach achtern, damit das Achterschiff belastet wird. In diesem Augenblick werden Fock und Großschot geholt, man nennt das auch Anpumpen. Dadurch wird das Boot beschleunigt, so dass es nahe an die Wellengeschwindigkeit herankommt. Das Heck wird nun von der Welle emporgehoben und das Boot rutscht den Wellenvorderhang hinunter, es fährt also bergab.
Jetzt luvt der Steuermann leicht an, so dass die Jolle den Wellenvorderhang schrägwinklig heruntersegelt. Befindet sie sich im vollen Surfen, verlagert die Besatzung ihr Gewicht weiter nach vorn. Denn sobald die Welle durchgelaufen ist, muss das Heck entlastet sein, damit es sich besser auf die nächste Welle setzen kann. Und schon beginnt das Spiel von vorn.

Auf den ersten Blick hört sich der Handlungsablauf kompliziert an. Da es sich aber um einen Vorgang handelt, der weitestgehend – vom Gewichtstrimm der Besatzung abgesehen – äußerst sinnfällig, ja fast zwangsläufig geschieht, hat ihn selbst jeder Hobbysegler bereits erlebt (und überlebt). Bei starkem Wind kann eine leichte Jolle durchaus schneller sein, als die Welle sich fortpflanzt. Das Surfen wird nun in einen Gleitzustand übergehen und das Boot überholt also „seine" Welle. So ist es beim Segeln. Wie aber sieht das ganze aus, wenn man kein Segel sondern „nur" die Gravitation als Antrieb hat? Und was wissen wir schon über Wellen? Ein Polynesier verwendet sicher einhundert verschiedene Begriffe für Wellen. Große Wellen, kleine Wellen. Grüne Wellen. Gibt es in den kleineren Dimensionen Unter-schiede zwischen Wellen und Wogen und Schwall? Es gibt viel zu lesen demnächst, aber wir werden nicht umhin-kommen, fremden Rat einzuholen. Diese Aufgabe hier in Berlin-Wedding zu lösen, ist alles andere als trivial. Was geschieht tatsächlich mit den sehr kleinen Surfsystemen in einer Welle? Darf man vielleicht sogar über ein autonom „Surfendes" nachdenken? Das ist dreist, fürwahr. Das frechste Surfende, das ich kenne ist die Tochter meines Patenkinds; sie sagt: „Für kleine Surfer ist jede Welle groß". Nelly, das halte ich für einen guten Anfang.

Um als Laie das Halbtauchersurfen auf Wogen und langen Wellen zu verstehen, möchte ich das Geschehen in Abschnitte unterteilen. Begeben wir uns hierzu noch einmal auf eine Segeljolle.

Surfen mit der Segeljolle

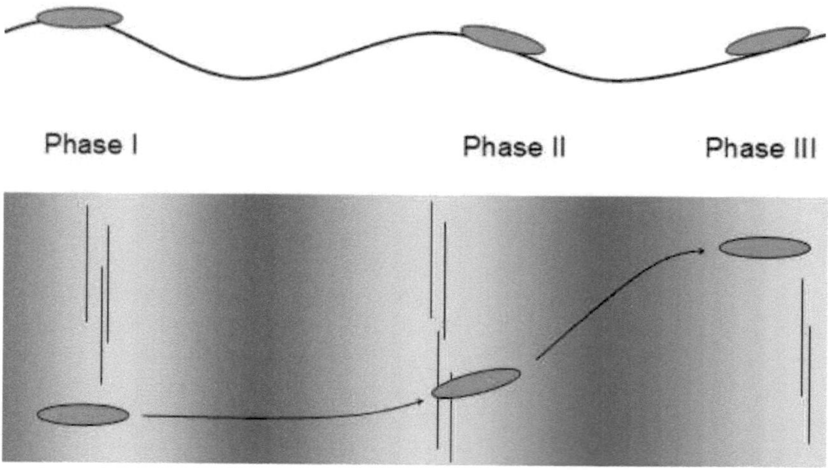

Phase I

Die von Achtern aufkommende Welle hebt das Heck an und beginnt das Boot zu schieben. Die Besatzung ist bereits nach Achtern gerutscht, um das Heck stärker zu belasten und dadurch der Welle eine bessere Angriffsfläche zu bieten. Um das Boot auf Wellengeschwindigkeit zu bringen, muss eventuell die Großschot kurz angeholt werden (beschleunigen).

Phase II

Das Boot liegt vollständig auf dem Wellenkamm und fährt mit Wellengeschwindigkeit den Wellenvorderhang hinunter; es surft. Die Besatzung ist nach vorn gerutscht, um das Heck zu entlasten.

Manöver: Wenn das Boot leicht angeluvt wird, kann die Welle schräg abgefahren werden, um sie künstlich zu verlängern.

Phase III

Die Welle ist unter dem Rumpf durchgelaufen und die Fahrt des Bootes wird gebremst. Die Mannschaft rutscht wieder nach Achtern und der Steuermann sucht sich eine neue Welle, auf der er hinuntersegeln kann.

Versuchen wir uns an einer vereinfachenden Physik des langsamen Surfens. Halbtauchersurfen sei LangsamSurfen, sei stationäres Surfen. Stationäre Zustände bleiben „quasi im Gleichgewicht eingefrorene“ Prozesse. Beim stationären Surfen herrscht Gleichgewicht der das Fahrsystem beaufschlagenden Kräfte. Primär beaufschlagend sind Vortrieb und Reibung in Fahrt. Die vektoriellen Kraftwirkungen aus Vortrieb und Reibung sollen in einem idealisiertem Modell in einer gemeinsamen Ebene wirken und die gleiche Wirklinie besitzen. Das System ist also durchaus in Bewegung, bleibt aber in einem unbeschleunigten Zustand. Auch wenn es auf den ersten Blick so scheint ist das kein Widerspruch. Wir sind in Bewegung und wir surfen, weil wir Antrieb haben. Wir surfen aber nicht so schnell, wie wir vielleicht könnten, weil wir einen Widerstand erfahren. Antrieb und Widerstand sind gleich, der Zustand ist stationär. Wir Surfen; unser Halbtauchersystem ist in Bewegung, es hat eine Geschwindigkeit relativ zum umgebenden Fluid. Aber wie schnell sind wir denn am Ende?
Gut. Das ist reichlich kompliziert. Wir gehen schrittweise vor und erarbeiten uns eine Bilanz der wirksamen Kräfte. Das Halbtauchersystem befindet sich energetisch und hinsichtlich der wirkenden Kräfte im Gleichgewicht und es befindet lokalisiert sich Auf der schiefen Ebene. Die Welle in der wir surfen, ist nichts anderes als eine geneigte, sprich schiefe Ebene. In der Welle können wir nur einen Teil der Gravitationskraft in Bewegung umsetzen. Die Gravitationskraft ist die Antriebskomponente in unserem stationären Halbtaucher-Surf-Szenario. Surfen wir steil, ist der Teil der Gravitationskraft, den wir zum Fahren nutzen können groß, surfen wir flach, ist nutzen wir wenig von unserer Gravitationskraft.

Gravitation ist so eine ganz eigene Sache. Obwohl unser Körper sie intuitiv versteht, funktioniert Gravitation auf der physikalischen, auf der Wechsel-Wirkungsseite für unseren Verstand nicht unmittelbar. Mir erscheint und wirkt sie einem Wunder gleich. Und ich kann mit ihr, der Gravitation, experimentieren. Stehen wir auf der waagerechten Erdoberfläche oder sitzen in einem ausbalancierten Boot auf der Wasseroberfläche eines ruhenden Sees, bewegen wir uns nicht fort. Neigt sich der Wasserspiegel, warum auch immer, kommen wir in Fahrt. So we go. Falls sich der Wasserspiegel neigt. Und das tut er laufend.

Es ist eher ein Skalenproblem. Und wahrscheinlich wie beim Skateboarden. Leider nicht meine Generation. Ich kenne Ähnliches ja nur aus meiner Rollschuhzeit. Damals gab es keine Skateboards noch Bobbi-Cars und somit also auch keine Chance der Sozialisation mit vergleichbarem und vergleichbar friedlichem Gerät. Man trug Clarks. In Kombination mit Anschnall-Rollschuhen waren Kreppsolen die wahren Mörder der späten 60er und zum Verdruss meiner großen Schwester Rollschuhe der dritten Generation jetzt lenkbar.

Phase II

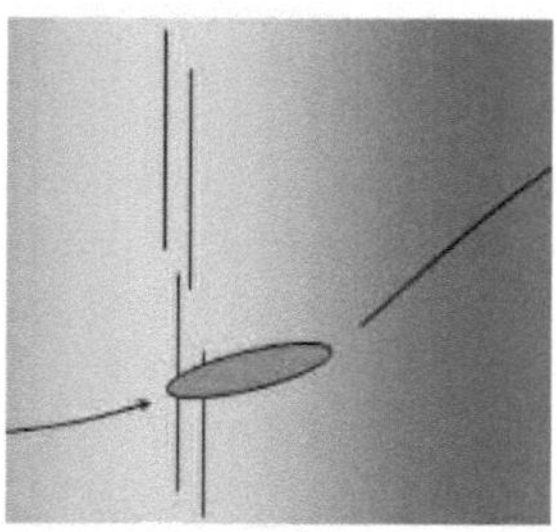

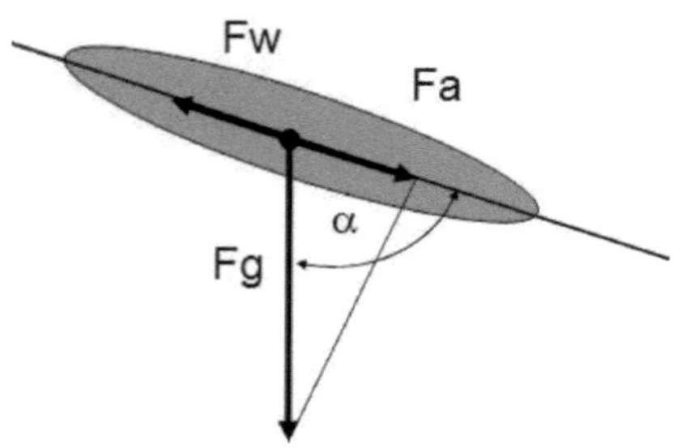

Der Hammerberg (er heißt wirklich so) war für uns Kinder eine Ansage. Niemals durften wir dort runterfahren. Also taten wir es. Die Blasen an unseren Füßen stammten von genau dieser Strecke. Weil sie so rau war. Und die Rollschuhe hart. Angeschraubt an Clarks übertrugen sie jeden Krümel sofort in die Socke. GRID. Die steilsten Stellen am Hammerberg waren nicht unbedingt die Besten. Die Kurven auch nicht. Nach dem Winter lag dort Split. Ironischerweise endete der Hammerberg bergseitig am Haupteingang des örtlichen Friedhofs. Man hatte so immerhin die Auswahl. Abhängen auf der Friehofsmauer mit Blick auf Marmorengel oder Höllenritt.
Warum erzähle ich das? Weil es beim Surfen genauso ist. Die Topologie, die Gravitation, die schiefe Ebene und vom physikalischen Standpunkt her gesehen: Es gibt einen Antrieb, es gibt einen Widerstand, es gibt eine Bewegung. Antrieb ist also der Hammerberg. Deswegen gingen wir ja dort hoch. Wo jetzt hin mit der offenen Mirinda? Egal, schreiben wir einfach den Hammerberg auf Wellen um.

GRÜNE WELLEN!

Betrachten wir zunächst die Welle als solche. Die für Surferinnen und Surfer optimalen Wellen werden von Offshore-Winden erzeugt. Mächtige Windströmungen wehen über das Wasser und die in die (Wasser-) Oberfläche eingetragene Energie führt zu Wellen. Energiekopplung an Oberflächen, in unserem Fall das Anfachen von Wellen über welligem Grund ist ein sich selbst organisierender Prozess und in seiner (Wechsel-) Wirklichkeit keineswegs vollständig verstanden.
Zu Zeiten einer Hochphase der Chaostheorie in den späten 80ern des vergangenen Jahrhunderts grassierten zahlreiche Modelle der Muster- und Gestaltentstehung und endlose Diskussionen wurden darüber geführt, welche Vorgänge der lokalen Emergenz und Selbstverstärkung Ursache periodischer Muster sein mögen. Wellenmuster waren praktisch überall vorhanden, wenn man erst mal den Blick dafür geschäft hatte. Der Urlaub an der Nordsee war in Wirklichkeit ein Forschungsprojekt. Wellen im Sand, die Wellen der See. So experimentierten wir am Bach oder im Priel. Und fanden mit unseren Füßen Wellen, die flußaufwärts laufen! Transienzphänomene, zu Fuß gefunden, einfach so. Befindet man sich an einem schönen Ort (Pril) zur rechten Zeit

(Ebbe) kann man dieses Experiment beliebig nachspielen. Wellen, die flussaufwärts laufen.

Die Information darüber, dass eine Störgröße existiert, steckt also zu einem früheren Zeitpunkt schon im Fluss bevor er, der ewig im mitreisende Lagrange, überhaupt erst an der Stelle vorbeikommt, wo Füße, visuell, akustisch, taktil, oder wie auch immer, wahrgenommen werden können. Ein Fuß, eine kleine Störung des Kontinuums, die zur Muster- und Gestaltentstehug führt, Sand, Pril, Wellen und irgendwas zwischen Lagrange, Zeitmaschinen, Euler und echten Quanten. Heute, dreißig Jahre nach dem Chaoschaos der Laien (wir), und da die Deutungshoheit über Wellen, Wellenausbreitung und vor Allem Wellenentstehung wieder bei den Physikern liegt, respektieren wir natürlich die klassischen Theorien, etwa ein über die Kelvin Helmholtz-Instabilität (kürzlich in einem namhaften Magazin als „Kevin Helmholtz-Instabilität" bezeichnet, sehr lustig) getragenes Entstehungsmodell, welche das Zusammenwirken des Fetch (Streichlänge = Einwirkungsdistanz des Windes über der Oberfläche), der Windgeschwindigkeit und die Ausreifezeit des Seegangs (Winddauer) in Beziehung setzt. Letztendlich interessieren Größe und Gestalt der Wellen, also Wellenhöhe, Wellenlänge, die Periodendauer und die Wellenfortschrittsrichtung und Geschwindigkeit. Viele dieser aus Offshore-Stürmen herrührenden Wellen sind zunächst groß und turbulent. Im Laufe der

Zeit und hunderten von Kilometern, überlagern sich Wellensysteme die aus unterschiedlichen Entstehungsorten stammen, sie steilen sich auf, sie kompensieren und glätten sich, gegebenenfalls stellen sich stationäre Orbitalbewegungen ein. Oder auch nicht. Wenn Wellen auf Küsten treffen, verändert sich deren (Wellen-) Form. Und ich füge hinzu: auch deren Physik. Die Energie der Welle bleibt zunächst einmal gleich. Aber weil die Wellenausbreitungsgeschwindigkeit abnimmt und die Wellenläge sich verringert, ist die Energiedichte der Welle größer: die Welle steilt sich auf, wird instabil, sie bricht. Nach Stokes (1847) besitzt der Quotient aus Wellenhöhe H und Wellenlänge L, die Wellensteilheit S=H/L einen kritischen Grenzwert[16] von S_{MAX}= 1/7, bei dem die Welle bricht. Das ist genau das, was wir vom Strand aus beobachten: die Arbeitsplattform der Surferinnen und Surfer. Der PlayGround.
Für die meisten Surferinnen ist die so genannte GRÜNE WELLE wahrscheinlich eher langweilig. Nicht ohne Grund – im Sinne von „nicht ohne Untergrund" – sprachen wir bislang von Brandungswellen. Hierum geht es ja eigentlich beim humanoiden Surfen. Man schwimmt raus mit seinem Brett, wartet ab, schnappt sich die (Brandungs-) Welle und surft spektakulär zurück zum Strand. Dort wartet die Jury und dort warten sie, die Alanas und Cocos und staunen, und sagen dir, wie cool Du bist. Gehen dann selbst raus in die Brandung, in die Pipe und zeigen Dir noch dreimal cooler, wo der Hammer hängt. So vergeht der ganze Tag. Mit ein wenig Glück, ein ganzes Leben lang. Betrachteten wir bislang nur Segelboote, gehen wir jetzt mit Profis Surfen.

( ) Grüne, ungebrochene Wellen sind der Traum eines jeden Surfanfängers. So geht es auch bei der grünen Welle darum, an ihrem schönen Ende zurück zum Strand zu kommen. Um zu den Grünen Wellen bzw. in das LINE Up zu gelangen, müsst ihr zuerst die Brandungszone durchqueren. Macht Euch mal mit DUCK DIVES vertraut.

(*) Ihr habt es geschafft, ins Line Up zu paddeln. Setzt Euch aufs Board und wartet. Auf die Welle. Du musst lernen, die Wellen zu lesen. Manche sind 30cm hoch, die lasst unter Euch durchgehen. Anderthalb Meter ist fast schon ein bisschen viel. Wartet. Eine Welle lesen lernen dauert Jahre der

[16] Tatsächlich brechen Wellen bereits bei S=1/10. Seit dem 19. Jahrhundert ist die asymmetrische Form natürlicher Wasserwellen neben Gerstner (1804) vor allem von Stokes (1847) mit immer größerem mathematischen Aufwand beschrieben worden. Für praktische Abschätzungen wird dessen ungeachtet aber noch immer häufig die Lineare Wellentheorie nach Airy-Laplace (1845) verwendet, die von der regelmäßigen Sinus-Form ausgeht. https://de.wikipedia.org/wiki/Wasserwelle

Erfahrung. Doch da ist sie nun. Dreht das Board mit der NOSE in Richtung Strand. Die Welle ist acht, fünf, vier Meter entfernt; bei drei fangt ihr an in Richtung des Strandes zu paddeln. Mit äußerster Kraft paddelst Du dorthin, wo dich die Welle am besten mitnimmt.

(**) Du spürst, dass sich das Board anhebt. Du merkst, dass die Welle Dich mitnimmt. Um gut in eine Welle zu kommen, verlagerst Du Dein Gewicht noch vorn. Das Heck des Boards wird jetzt ein wenig frei, die NOSE wird die Wellenwand herabgedrückt. Eine Gewichtsverlagerung nach hinten, macht die Bugspitze wieder frei; Du gleitest an.
Nimmt die Welle dich wirklich mit? Nein? Dann warte mit dem Aufstehen. Ungeduld ist der häufigste Fehler beim Angleiten. Gib nicht der Welle die Schuld.

(***) Begebe Dich in Surfhaltung[17].

(****) Du hast Dich also für eine Richtung entschieden. Frontside (mit dem Gesicht zur Wellenwand) oder Backside, mit dem Rücken zur Wellenwand, so also fährst Du die Welle ab. Ob Du Dich für die richtige Seite entschieden hast, siehst Du dann, wenn die Welle anfängt zu brechen, wenn sie hohl wird. Das wird jetzt über kurz oder lang bald geschehen. Du bist ja auf dem Weg zum Strand. Irgendwann wird die Welle beginnen zu brechen. Naturgesetz.
Lerne die Welle zu lesen.

In der Brandung auf der GRÜNEN WELLENWAND surfen heißt: Anpaddeln, aufstehen, die Welle seitlich in der Richtung ansurfen, in der sie noch OFFEN ist. Wir fahren weg vom Schaum, weg vom WEISSWASSER. Timing, Übung und Erfahrung.
Von besonderer Art sind hier die Verhältnisse beim Manövrieren. Eine Surferin manövriert, indem sie das gesamte Mensch-Board-System mit den Füßen auf einen neuen Kurs bringt. Das ist ein reichlich komplexer Bewegungsablauf. Bei Surfboards ist das gesamte Seefahrzeug an der Lenkbewegung, am Lenkmanöver, beteiligt. Manövrieren in der Welle gelingt aus rein physikalischen

[17] Von hier, vom Laptop aus gesehen, ist das eine wirklich ganz einfache und sichere Empfehlung. Und noch ein Tipp: versuche jetzt, Dich nicht zu überschlagen.

Gründen (nur) dann, wenn das Board bezüglich der Hauptbewegungsrichtung in eine Drift gerät, die dem am Heck des Boards „arbeitenden" Tragflügel überhaupt erst ermöglicht, Lenkkräfte zu generieren. Dies ist wahrscheinlich der bemerkenswerteste Unterschied zu einem durch ein Steuerrad oder eine Pinne gelenktes Schiffsruder. Die unbewegliche Finne eines Surfboards stellt in diesem Sinne einen starren Manövrierapparat dar[18]. Surfbrettfinnen besitzen in der Regel symmetrische Tragflügelprofile. In Fahrt bilden derart symmetrisch profilierte Tragflächen nur dann ein Querkraft generierendes System, wenn die Anströmung nichtaxial erfolgt. Dabei ist die Variation des Lifts eines symmetrischen Profils über den Anstellwinkel selbst symmetrisch. Und nahezu linear bis etwa 10° Anstellwinkel bei handelsüblichen Finnen vom Stand der Technik. Die aus dem hydrodynamischen Auftriebsgebaren der Tragfläche resultierende Querkraft ist der maßgebliche physikalische Parameter beim Manövrieren. In der Drift funktioniert die Finne nun als Kraft- und als Arbeitstragfläche gleichermaßen. Es kommt zu einem Wechselwirkungsgeschehen, das durch Energieaustausch gekennzeichnet ist.

Wie wird nun die zum Manövrieren erforderliche Energie übertragen? Krafttragflächen sind fluidmechanisch wirksame Tragflügel die dem bewegten umgebendem Fluid vornehmlich Energie entziehen; Arbeitstragflächen hingegen sind fluidmechanisch wirksame Tragflügel die vornehmlich Energie in ein umgebendes Fluid einkoppeln. Und eine Finne ist nun beides, kann beides. Das zum Lenken und Manövrieren erforderliche „Anfangsmoment" stammt aus der Balance und den Körperbewegungen des Surfers, der Surferin. Sobald die Strömung an einer symmetrischen Finne einen gewissen Geschwindigkeitsanteil in Querrichtung enthält, arbeitet diese profilierte (Kraft-) Tragfläche sich in ihrer physikalischen Wirkung selbst verstärkend, also „auto-reaktiv". Diese wunderbare Eigenschaft kennzeichnet das „Wesen eines Tragflügels" und ist systeminhärent. Auto-Reaktivität ist quasi das Handlungsmuster und Erfolgsrezept der (zentralen, profilsymmetrischen) Surfboardfinne. Von der Güte einer Leit- und Steuertragfläche hängt auch die Intensität und Bandbreite dieser wesentlichen Eigenschaft ab. Die Fähigkeit immer und sicher zu Manövrieren ist die entscheidende dynamische Komponente beim Brandungssurfen. Deshalb ist die Auswahl der für das Revier, die Kompetenz und die Erfahrung richtige Finne eine Art Religion unter Surfern, an der kein Streit entsteht, gerade weil die Gestaltungsunterschiede klein aber die der Ansichten darüber groß sind. Am Strand.

[18] Wir betrachten die mittig angebrachte MonoFin die zentral und profilsymmetrisch ist.

STATIONÄRES SURFEN

Grüne Wellen ohne Brandung, ohne Küste, ohne Strand sind anders. Grüne Wellen sind auf eine ganz andere Art anders: logistisch. Grüne Wellen sind „Transporter". Wenn man nur genug Zeit hat und der Wind die Wellen aus Süd-Südwest aufbaut, kann man auf grünen Wellen von Helgoland nach St. Peter surfen. Rein theoretisch ist das praktisch möglich. Sofern sich an den Grünen Wellen ohne Brandung ein Gleichgewichtszustand einstellt, bei dem sich das Widerstandsgebaren und der Antrieb des Transportsystems die Waage halten.
Es kann sich bei stationären oder quasistationären Vorgängen auch um ein periodisches Gleichgewicht handeln, bei dem die Surferin an Geschwindigkeit zulegt, die Welle hochfährt, langsamer wird, um danach wieder abzufallen, um Schwung zu holen, und so weiter.
Mit der Welle surfen. Nur weil niemand das macht, heißt es ja nicht, dass es nicht funktionieren würde. Man macht es halt nicht, das Surfen Grüner Wellen ohne Brandung, weil die Welle den Surfer an einen Ort bringt, von dem er nicht zurückkehren kann. Ins Irgendwo surfen ist (wahrscheinlich) wenig attraktiv; außerdem gefährlich. Aber technisch gesehen hoch interessant.

Eine idealisierte Theorie der (Tiefen-) Wasserwelle geht von einer Orbitalbewegung (lat. orbis, der Kreis) der Wasserteilchen an der Phasengrenze (Wasseroberfläche) aus. Im tiefen Wasser, fern von Stränden und Ufern, sind die Bahnen der (Oberflächen-) Wasserteilchen beim Passieren einer (Tiefenwasser-) Welle nahezu kreisförmig[19], während sie in Ufernähe, in der Brandung, im flachen Wasser deformiert-elliptisch angesehen werden und eine Orbitalgeschwindigkeit $\omega = \pi$ H/T besitzen. Dabei ist die Wellenperiode T=1/f [s], also der Kehrwert der Wellenfrequenz f [Hz] genau die Zeit, die dem Vorrücken einer Welle um eine volle Wellenlänge L entspricht. Die Wellenfortschrittsgeschwindigkeit[20] c im Orbitalsystem einer freien Grünen Wellen ohne Brandung, ist nunmehr einfach zu bestimmen:

Wellenfortschrittsgeschwindigkeit $c = L/T$ [m/s].

[19] Die so genannte trochoidale Wellentheorie wurde 1804 von Franz Josef von Gerstner entwickelt und ist als Grundlage aller folgenden Wellentheorien anzusehen, da sie bereits die Abnahme von Orbitalbahnradien zum Meeresboden hin enthält. Gerstner war dabei von der Rotation der Wasserteilchen um Orbitalzentren ausgegangen und erhielt daraus für die Wasseroberfläche die Form einer zyklischen Kurve (Trochoide).
[20] Auch Wellenausbreitungsgeschwindigkeit c im allgemeinen, radialen Fall.

Mir fällt es dennoch immer schwer, solch scheinbar einfache Dinge wirklich zu verstehen. Wie kann eine GRÜNE WELLE eine Masse transportieren, wenn doch ein auf der Wasseroberfläche treibender Korken lediglich eine Orbitalbewegung ausführt? Beim Spielen am See und im deutschen Sprachgebrauch halten wir für einen solchen Vorgang den Begriff des „Dümpelns" vor, was nicht so wirklich dynamisch klingt: der Korken dümpelt auf dem See! Wo ist die Bewegung, wo der Transport? Wie kann die Welle selbst zu einem Teil eines Transportsystems werden? Und gehen wir in diesem Aufsatz nicht noch zwei Schritte weiter, in dem behauptet wird, dass unser kleiner Wasserkäfer Transportphänomene, die im Zusammenhang stehen mit Wellenausbreitungsprozessen für seine Mobilität nutzt? Und dass wir daraus etwas lernen für Konzepte und Gestaltung artifizieller Transportsysteme?
Und sind bei näherer Betrachtung die physikalischen Zusammenhänge und die Formeln etwa für die Wellenfortschrittsgeschwindigkeit oder die Wellenfrequenz nicht banal und unkompliziert? Warum zeichnet sich kein klares Deutungs- und Erklärungsmodell für das LangsamSurfen aus dem Gemenge der bereits zusammengetragenen Informationen ab? Warum verstehe ich nichts?

LangsamSurfen; Mobilität und materieller Transport mit GRÜNEN WELLEN. Vielleicht muss ich mir das so vorstellen: Ich bin noch klein. Ich robbe über den Boden und streiche eine Teppichfalte glatt. Stelle sie auf, streiche sie glatt. Das geht ganz leicht, denn meine Mutter bohnert regelmäßig das Linoleum; es ist rostbraun und riecht gut. Jetzt lasse ich die Falte wandern. Der Teppich macht das mit. Oben auf dem Kamm der Falte stellen sich nacheinander alle kleinen Teppichfasern auf. Das sieht witzig aus und geht rasend schnell. Sssst- sssst, hin und her. Ich fahre in diesen Jahren gewöhnlich einen Opel GT 1900. Während sich der Teppich als Ganzes nur marginal bewegt hat, saust das kleine Matchbox-Auto[21] „vor der Teppichfalte her". Es gibt eine Teppichfalten-Fortschrittsgeschwindigkeit über Grund, eine Euler'sche Betrachtungsweise, von der ich zu diesem Zeitpunkt noch nichts ahne, eine Fahrrichtung, einen Kurs quasi und die Fahrgeschwindigkeit des Spielzeugautos und natürlich der Lagrange, der zwar irgendwie immer da, aber mir noch unbekannt ist. Im Zentrum der Aufmerksamkeit aber steht der GT 1900 oder besser, er fährt. Mit ein wenig Phantasie könnte man behaupten, er surft! Und mit einem ganz kleinem weiteren Tick und ein bisschen mehr Phantasie halten wir es für vollkommen normal, dass Richtung und Geschwindigkeit des Lagrange-Autos

[21] Matchbox-Auto. Schnurloses Kinderspielzeig aus vordigitaler Zeit, das maßstabsgetreu Erwachsenenspielzeug imitiert.

erheblich von der Teppichfalten-Fortschrittsgeschwindigkeit, der Euler-Geschwindigkeit des Bezugsystems abweicht. So stelle ich mir das vor. Das Deutungsmodell für das LangsamSurfen auf GRÜNEN WELLEN. Der Teppich zeigt ganz deutlich: Saust das Auto lotrecht zur Falte, ist es erheblich langsamer, als wenn es schräg zur Falte fährt; also die Falte seitlich absurft. Es kann also sowohl schnell als auch langsam fahren. Die Versuchung ist nicht gerade gering, hier an dieser Stelle eine Teppichfaltenphysik zu entwickeln. Aber leider fabulieren wir in diesem Aufsatz nicht über schnell rollende Matchbox-Autos, ebenso wenig wir von realen Wellenreitern in voller Gleitfahrt sprechen dürfen, sondern erarbeiten lediglich - rein theoretisch - das Szenario eines Verdränger-Transportsystems, respektive eines Wasserkäfers in Fahrt. Es geht also um lotrechte oder schräge Fahrt. Um hier die Gedanken zu ordnen, verwende ich mal wieder eine Argumentation aus dem Segelsport.

VMG. Als Luvgeschwindigkeit (im englischen: Velocity Made Good, VMG) bezeichnet man beim Segeln die Geschwindigkeit, mit der ein Boot ein Ziel, das genau in Windrichtung liegt, erreichen kann. Die erreichbare Luvgeschwindigkeit ist bei gegebenem Wind eine gute Kenngröße für die Am-Wind-Eigenschaften des Bootes.

Als VMG beim Wellenabfahren bezeichne ich nun die Geschwindigkeit, mit der ein Surfsystem (Gleiter oder Halbtaucher, Mensch, Tier oder Vehikel) in der Welle das Wellental erreichen kann. Wegen der Identität potentieller und kinetischer Energie $W_{POT}=m \cdot g \cdot h = m \cdot v^2/2 = W_{KIN}$ hätte ein Stein im freien Fall nach einer Fallhöhe h die Geschwindigkeit $v=(2 \cdot g \cdot h)^{-1/2}$ unabhängig von seiner Masse. Wir sehen, dass die Geschwindigkeit v mit der Fallhöhe (Falltiefe) zunimmt, aber von der Höhe der Welle begrenzt wird. Wenn die Welle nicht lotrecht zum Wellenkamm abgefahren wird, ist die VMG von zwei Faktoten abhängig: dem Kurs des Schwimmsystems, relativ zum Lot auf den Wellenkamm und der Systemgeschwindigkeit, nennen wir sie vielleicht Lagrange-Geschwindigkeit v_{LAG}, der Geschwindigkeit durch das Wasser auf diesem Kurs. Je schneller ein Fahrsystem auf der Wellenwand unterwegs ist, umso größer kann der Winkel gegenüber dem Lot auf den Wellenkamm, also dem direkten Weg zum Wellental sein. Die Bahn wird flach gegenüber der Horizontalen. Vorauszusagen, wie groß die Geschwindigkeit v_{LAG} der Surferin, des Surfers werden kann ist sehr kompliziert. Die überhaupt mit einem Surfsystem erreichbare Geschwindigkeit hängt von den Surfbretteigenschaften, vom Gewicht der Surferin und von der Größe und Form der gesurften Welle ab.

Sobald die Lagrange-Geschwindigkeit größer ist als die Geschwindigkeit der Welle selbst, hat der Surfer die Möglichkeit auf dem Wellenhang hinauf und hinab zufahren, zu beschleunigen und zu verzögern, zu surfen! Nähert sich die Welle dem Strand, nimmt die Wellenausbreitungsgeschwindigkeit ab, die Welle bricht und läuft aus.

Betrachten wir nun also wieder das Verdränger-Surfsystem. Wie war das noch mal? Ein Gleichgewichts-Szenario. Widerstand und Antrieb bilden einen stationären Vorgang ab. Einen stationären Gleichgewichtsprozess. Der Antrieb, oder zumindest die Antriebskraft Fa eines Halbtauchers in der Welle, ist leicht erklärt. Im freien Fall beschleunigt jede Masse mit der Gravitation $g=9{,}81[ms^{-1}]$. Die Gewichtskraft ist $Fg = m \cdot g$ [N]. Auf einer schiefen Ebene, am Hang, am Hammerberg, auf der Teppichfalte, mit Nelly auf einer Woge oder Wellenflanke, wirkt nur ein Teil dieser Kraft Fg als Antriebskraft Fa auf das Fahrsystem. Das hängt von der Steilheit des Berges ab. Und wenn es sich um eine Woge, eine Welle handelt, hängt die über Gravitation vermittelte Antriebskraft von dem Ort auf der Wellenflanke ab, an dem sich das Schwimmsystem befindet.

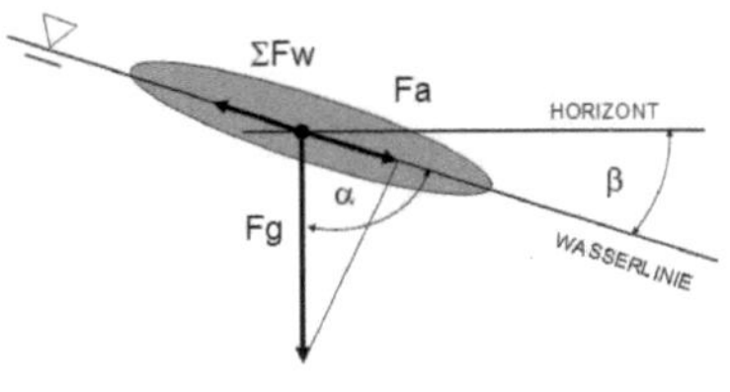

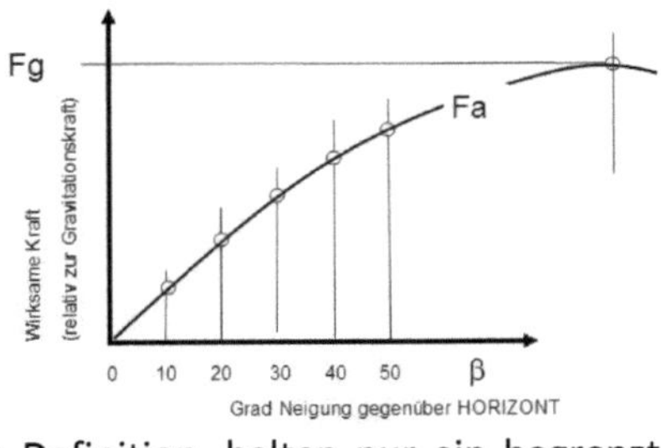

Grüne Wellen, und das ist ja quasi ihre Definition, halten nur ein begrenztes Angebot an Steilheit vor. Wir sprechen von Neigungswinkeln gegenüber der Horizontalen in der Größenordnung von vielleicht maximal vierzig, fünfzig Grad. Dieser Umstand hegt auch den Anteil der aus der Gravitationswechselwirkung entkoppelbaren Antriebskraft Fa des Surfsystems ein: $Fa=Fg \cdot COS(\alpha)$. „Endlos-surfen" klingt natürlich romantischer als „stationärer Fahrzustand eines Halbtauchers". Trotzdem ist das hydrodynamische Gleichgewicht ein hoch interessantes Szenario. Aus technischer Sicht. Wenn es uns gelingt, die Widerstandsleistung, die im stationären Zustand überwunden werden muss zu quantifizieren, dann erfahren wir sogar etwas über den Geschwindigkeitsbereich, in dem sich der Transportvorgang abspielt. Oder mit der obigen Metapher zu arbeiten, wie lange ein Surfsystem braucht um von Helgoland nach St. Peter Ording zu fahren. Sofern das Surfsystem immer eine günstige Welle findet und (irgendwie) Einfluss darauf ausüben kann, an welchem Ort auf der Wellenwand es sich befindet, um auf diese Weise die gerade für das stationäre LangsamSurfen erforderliche Antriebskraft aus der Gravitationswechselwirkung zu entkoppeln.

Vulgärwissenschaftlich gesprochen ist für den stationären Vorgang des LangsamSurfens genau jenes Kräftekomplement erforderlich, welche das kumulative Widerstandsgebaren das Halbtauchers aufhebt. Letzteres setzt sich, wie wir oben gesehen haben, aus einer Schar von unterschiedlichen Widerstandskomponenten zusammen. Beispielsweise wissen wir an dieser Stelle noch nicht, welchen quantitativen Einfluss der Widerstand aus dem vom Halbtaucher selbst erzeugten Wellensystem auf das totale Widerstandsgebaren hat. Wir wissen nur, dass dieser Einfluss nicht unerheblich sein wird. Für eine verfeinerte Modellannahme benötigen wir hierzu also eine „vorläufige" Abschätzung der Froude-Zahl des Fahrsystems.
Um den nachfolgenden Argumentationsweg zu erläutern gehen wir davon aus, dass prinzipiell gilt: Ein Strömungswiderstand F_F ist nichtlinear abhängig von der Geschwindigkeit v aber nur proportional der benetzten Fläche A. Dichte des Mediums und Friktionskoeffizient der benetzten Oberfläche für den vollturbulenten Fall c_F seien zum Zweck einer ersten Annäherung an das Widerstandsgebaren bekannt. Nicht bekannt sei der Wellenwiderstand.
Der Wellenwiderstand ist (ebenfalls) nichtlinear abhängig von den jeweiligen Konstruktionsparametern des Fahrsystems und der im stationären Betrieb herrschenden Geschwindigkeit, die wir zunächst einmal nicht kennen. In Besitz der annähernden Froude-Zahl des Wellenwiderstandszenarios könnten wir den nicht unerheblichen Wellenwiderstand in Fahrt ermitteln. Noch aber haben wir mehr unbekannte Betriebsparameter als Bestimmungsgleichungen. Selbst eine energetische Betrachtung (Energiewandlung ist immer ein guter Ansatz) gelingt nur mittelbar. Gehen wir iterativ vor und tasten uns voran. Mit einer klug ausgewählten Ansatzfunktion für einen generalisierten Strömungswiderstand F_F im (Fahr-) Betrieb des Halbtauchersystems werden wir versuchen, dieses (Quantifizierungs-) Dilemma des stationären LangsamSurfens zu lösen. Zunächst betrachten wir ein weiteres Mal die Bestimmung der prinzipiellen fluidmechanischen Friktion F_F an einem Halbtauchersystem:

fluidmechanische Friktion $F_F = C_F \rho_W /2 A v^2$

Wir wissen, dass der fluidischen Friktion der Wellenwiderstand hinzugefügt werden muss, damit stationäres Gleichgewicht herrscht. Im ersten Iteratuonsschritt Im stationären Gleichgewichtszustand an der Wellenwand ist die fluidmechanische Friktion F_F komplementär gleich der Antriebskraft Fa, die an einem bestimmten Ort der Welle, mit einem signifikanten Neigungswinkel (gegenüber dem senkrechten, reibungsfreien Fall, der uns wohlbekannt ist, eine sichere Bank quasi) wirksam wird. Mit der Masse m des Fahrsystems und der Gravitation mit der konstanten Beschleunigung g=9.81 [ms^{-1}] folgt: Fg=m·g. Die skizzenhafte Darstellung oben zeigt die Abhängigkeit der Antriebskraft als Funktion des Neigungswinkels in Fahrt auf einer Wellenflanke: Fa=Fg·COS(α). Es soll Gleichgewicht zwischen antreibenden und bremsenden Kräften herrschen; der Zustand sei stationär.

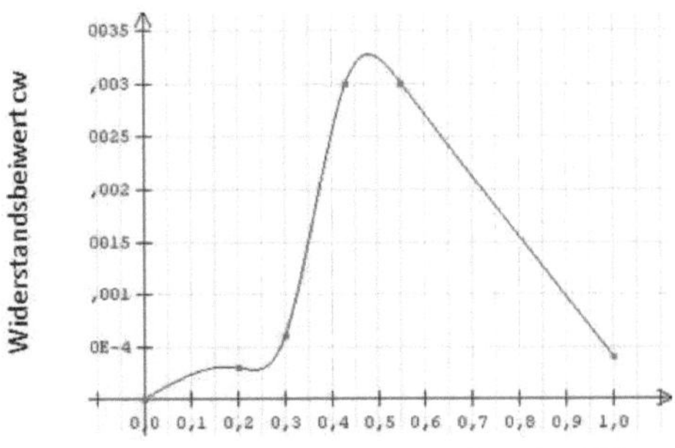

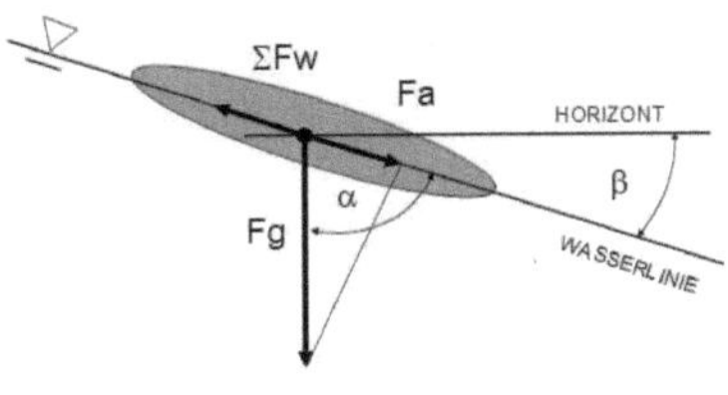

Erwartungswerten kumulierten Mess- und Berechnungsdaten des Wellen-widerstandskoeffizienten cw über die Froudezahl Fr.

Die Antriebskraft $Fa = Fg \cdot COS(\alpha) = C_F \cdot \rho_W /2 A \cdot v^2$ lösen wir nach der Geschwindigkeit des Halbtauchersystems auf:

$$v^2 = 2 \cdot m \cdot g \cdot COS(\alpha) / C_F \cdot \rho_W \cdot A$$

Oben wurde bereits die Froude-Zahl $Fr=v^2/c$ aus einer Energiebetrachtung am Wellen generierenden System hergeleitet. Für die theoretische Wellenausbreitungsgeschwindigkeit an einer Störkontur mit der signifikanten (Wasserlinien-) Länge L gilt ja:

$$c^2 = g \cdot L \ [m^2s^{-2}] \ !$$

So dass wir mit der Dichte des Wassers ρ_W, der Wasserlinienlänge L, der Breite B bzw der benetzten Fläche A die Froudezahl des Halbtauchers in Abhängigkeit von dem Ort auf der Welle kennen:

Froudezahl des Halbtauchers $Fr = 2\ m\ COS(\alpha) / C_F\ \rho_W\ A\ L$

Zur Spezifikation des Modellkörpers: Für unser Käfermodell haben wir oben vereinfachend einen sehr flachen Ellipsoiden der Masse m_K angenommen.
Für eingegebenes System ist die Froudezahl und damit der Wellenwiderstandskoeffizienten cw also nur noch vom Ort am Wellenhang abhängig. Der daraus herleitbare Wellenwiderstand RW leistet einen geringen Anteil am Gesamtwiderstand.
Wellenwiderstand $R_W = c_W \cdot A \cdot v^2 \cdot \rho/2$ [N]

	Orts- und Geschwindigkeitsabhängigkeit beim Langsamsurfen							
	Parameter	Neigung am Ort im Wellenhang						
	β	45	40	30	20	10	0	°
	α	45	50	60	70	80	90	°
	$COS(\alpha)$	0.71	0.64	0.5	0.34	0.17	0	--
	v	0.64	0.61	0.54	0.44	0.3	0	ms^{-1}
	Fr	0.82	0.74	0.58	0.39	0.2	0	--
	C_{WELLE}	0.0015	0.0018	0.0028	0.0023	0.0005	0	--
1	R_O	0.11	0.10	0.08	0.05	0.03	0	N
2	R_O	0.11	0.10	0.08	0.05	0.03	0	N
	R_W	0.0002	0.0003	0.0003	0.0002	0.0002	0	N
	Fa	0.11	0.10	0.08	0.05	0.03	0	N

Zusammenstellung der geometrischen Modellannahmen für einen Kolbenwasserkäfer, seiner Masse und daraus ableitbare Größen.

Wasserlinienlänge	KWL	0.05	$50\ 10^{-3}$	m
Rumpfbreite	B	0.02	$20\ 10^{-3}$	m
Fläche, benetzt	A_{ben}	0.00079	$790\ 10^{-6}$	m^2
Dichte (geschätzt)	ρ	1000^+	$1\ 10^3$	kgm^{-3}
Masse	m	0.0157	$15\ 10^{-3}$	kg
Gewichtskraft	Fg	0.16		N
Theor. Rumpfgeschw.	v_{THEO}	0.7		ms^{-1}

Mit den vorweg getroffenen geometrischen Anfangsbedingungen für die Verdrängerfahrt des Kolbenwasserkäfers finden wir in einem ersten Iterationsschritt Orts- und Geschwindigkeitsabhängigkeiten beim LangsamSurfen. Die Gleichgewichtsgleichung erweitert sich beim nächsten Iterationsschritt um den Anteil des Wellenwiderstands RW, dessen Absolutbetrag an einem bestimmten Ort in der welle einen größten Wert annimmt, größenordnungsmäßig aber im Prozentbereich der Friktion und der Antriebskraft rangiert:

Wellen-, Friktion- und der Antriebskraft $Fa = Fg \cdot COS(\alpha) = R_W + C_F \cdot (\rho_W / 2)\ A \cdot v^2$

Gleichsam variiert die Gleichgewichtskraft der 2. Iteration um Beträge unterhalb des Fehlerbereichs.

RESILIENZ UND SCHIFFSBEWEGUNG

Unser Surfsystem, der Kolbenwasserkäfer, ist uns immer noch recht schlecht bekannt. Wir wissen praktisch nichts über seine Seetüchtigkeit, nichts darüber ob er ein stabiles maritimes Fahrsystem ist, oder eher agil? Ich versuche mich zunächst in Verallgemeinerungen. Resilienz artifizieller Systeme zielt auf Gestaltungslösungen. Resilienz im technischen Sinne bedeutet, dass selbst bei massiven externem Ungemach und interner Unsicherheit die nicht wesentlich reduziert werden kann, ein artifizielles System intakt, funktionsfähig und wirkungsvoll bleibt. Insbesondere in der maritimen Technik gehört Resilienz, auch wenn dieser Terminus emergiert, zu den über Leben und Tod entscheidenden Gestaltungs- und Konstruktionsparadigmen. Seit es Seefahrzeuge gibt. Resilienz artifizieller Systeme zielt ferner immer auf passive Robustheitsmerkmale maritimer Technik und konzeptionelle Plausibilitätsüberlegungen zur Vorbereitung auf von außen in das System wirkende

Überraschungen und unerwartete Zusammentreffen mehrerer Störereignisse sowie ihrer unvorhersehbaren Verkettungen. Resilienzphänomene die mit geringem oder ohne kognitiven Aufwand erfolgen und ablaufen, sind für manche Konstrukteure von besonderem Interesse. Nicht kognitive Resilienz meint beispielsweise die Fähigkeit eines Systems passiv adaptiv zu sein. Dieserart interessieren uns geometrische Gestaltungs- und Konstruktions-parameter. Bei Seefahrzeugen in Fahrt ist ein wesentliches Resilienzkriterium das „schlecht strukturierte Merkmal" Schiffsstabilität. Der vorliegende Aufsatz erörtert vor dem Hinter-grund rezenter Resilienzparadigmen den geometrisch – passiven Einfluss des Lateralplans eines Halbtaucherschwimmsystems und bleiben auf stationäre Betrachtungen begrenzt.
Grundsätzlich gilt: Stabilität eines Halbtauchers ist das Widerstandsvermögen gegen translatorische und rotatorische Bewegungen eines Schwimmsystems. Seetauglichkeit und Schiffstabilität besitzt keine physikalisch objektive Bedeutung wie etwa die Begriffe Kraft, Moment oder Masse. Stabilität hängt vielmehr von subjektiven Größen ab, etwa dem Bezugssystem. Deshalb kommt es sehr darauf an, welche Eigenschaften und Merkmale man für die Feststellung der Stabilität eines maritimen Systems auswählt. Das sollte auch bei der Untersuchung von biologischen Schwimmsystemen gelten. Das Problem ist ja eher, dass mir derartige Überlegungen besher fremd waren und ich mich aus Mangel an Alternativen und Erfahrung aus einer strikten technischen, systemischen Position heraus dem Biosystem einerseits, dem Langsamsurfen andererseits anzunähern versuche. Das sehe ich nun mal nicht als schändig an. Immerhin habe ich bislang noch nie einen Biologen getroffen, der mir das Mänövrieren eines Wasserkäfers hätte erklären können. Nicht in der Sprache der Naturwissenschaftler; nicht in der technischen Sprache der Ingenieure und Designer. Vielleicht verstehen wir die komplexen Zusammenhänge des biologischen Schwimmens eher, wenn wir die weniger komplizierten Zusammenhänge in der Technik überblicken. Der Kolbenwasserkäfer besitzt eine (vermeintliche) Finne, er besitzt einen Kiel und stellt uns diese wunderbare Integralkonstruktion seines Unterwasserschiffes vor Augen.
Ein gestalterisches Merkmal jedes Schiffes ist sein Lateralplan. Der Lateralplan eines artifiziellen Halbtauchers beinhaltet viele Informationen über die Größe und die Verteilung der benetzten Fläche in Fahrt. Der Lateralplan ist die Projektion des Unterwasserschiffs in der X-Z-Ebene eines körperfesten Koordinatensystems - dem Bezugssystem nach Lagrange - des Halbtauchers in Fahrt. In der einschlägigen Literatur wird dem Lateralplan eine bedeutsame

Rolle bei der Herstellung passiver Stabilität eines Seefahrzeugs in Fahrt einberaumt. Die passive Stabilität korreliert mit der gleichsam subjektiv beschriebenen Seetauglichkeit. Dem laienhaften Betrachter, ja selbst dem Schiffspraktiker oder Bootsbauer ist nicht unbedingt klar vor Augen, warum dies so ist. Der vorliegende Aufsatz leitet ein Deutungsmodell für diese passive, subjektiv beschriebene Komponente der Seetüchtigkeit her, das in Analogie zu dem aus der klassischen Mechanik stammenden Begriff und Tatbestand des Flächenträgheitsmoments 2. Ordnung bemüht, um den Beitrag des Lateralplans zur Schiffsstabilität eines Halbtauchers zu klären. Die Ergebnisse von Berechnungen an Lateralplan-Modellen legen die Vermutung nahe, dass das vorgeschlagene Deutungsmodell die aus der Literatur bekannten Erfahrungswerte wiederspiegelt und auf abstrakter Ebene sogar quantifiziert.

Zur Einteilung der Schiffsbewegung hinsichtlich autonomer Schiffsstabilisierung und Einflussfaktoren auf Bewegungen und Destabilität eines Halbtauchersystems, werden zunächst die im Aufsatz nachfolgend verwendeten Begriffe geklärt.

Von grundsätzlicher Bedeutung sind Form und Größe des Rumpfes (des Seefahrzeugs oder eines des Lebewesens), Masse und Masseverteilung des Fahrsystems (Trimmung) und das dynamische Verhalten (z. B. bei Kursänderungen und bei hoher Geschwindigkeit). Eine grobe Einteilung der Schiffsbewegungen beim Manövrieren benennt das Rollen oder Rotationsschlingern (ROLL), entsprechend einer Rotation um die X-Achse, das Stampfen und Nicken (PITCH), entsprechend einer Rotation um die Y-Achse und das Gieren (YAW) entsprechend Rotation um die Z-Achse. Des Weiteren benennen wir die der Fortbewegung überlagerte translatorische Schiffsbewegung in X-Richtung (SURGE), die translatorische Seitenverschiebung in Y-Richtung (SWAY) und die Tauch- und Hebebewegung in Z-Richtung (HEAVE), sowie das Schlingern und Taumeln (LURCHING) um eine im Bugpunkt gedachte vertikale Rotationsachse.

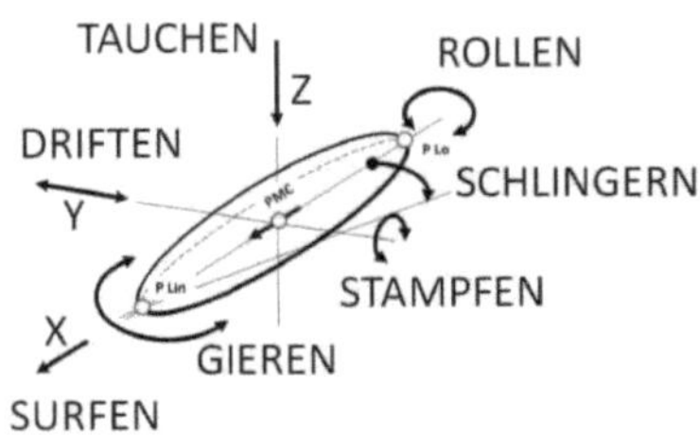

Die elementaren, grundsätzlichen Parameter der Stabilität eines maritimen Fahrsystems (eines Halbtauchers im Besonderen) sind der Gewichtsschwerpunkt und der Auftriebsschwerpunkt. Der Auftriebsmittelpunkt wird auch als Form- oder Verdrängungsschwerpunkt bezeichnet. Der Abstand zwischen

Gewichtsschwerpunkt und Auftriebsschwerpunkt ist die metazen-trische Höhe. Im Gewichtsschwerpunkt kann man sich die gesamte am Halbtaucher-system wirkende Gewichtskraft auf einen Punkt konzentriert vorstellen. Bei einer Krängung aber behält der Gewichtsschwerpunkt seine Position im Halbtaucher-system bei, solange alle Massen an ihrem Ort bleiben. Wenn zum Beispiel bei einem Schiff Ladung übergeht, ändert dies auch den Gewichtsschwerpunkt. Im Auftriebsschwerpunkt eines Halbtauchers kann man sich die gesamte vertikal wirkende Gewichtskraft des verdrängten Wassers denken. Der Auftriebs-schwerpunkt ändert seine Lage bei einer Krängung des Seefahrzeugs. Dies hat einen ganz einfachen Grund: Die symmetrische Gestalt eines Halbtaucher-system hinterlässt bei einer Krängung einen nichtsym-metrischen „Abdruck" seiner Form im Medium Wasser. Die Gestalt des verdrängten Wassers ändert sich in der Krängung. Im ungekrängtem Zustand, also bei aufrechter Schwimmlage des Halbtauchers, liegen Gewichtsschwer-punkt und Auftriebsschwerpunkt senkrecht übereinander. Wird das Schiff durch einen äußeren Einfluss gekrängt (ROLL), bleibt der Gewichtsschwerpunkt auf das Halbtauchersystem bezogen zwar an seinem Platz, wandert aber insgesamt gesehen zur Seite der Krängung aus. Der Auftriebsschwer-punkt wandert zur selben Seite aus und zwar ins Zentrum des jetzt verdrängten Wassers. Wenn Gewichtsschwerpunkt und Auftriebsschwerpunkt jetzt nicht mehr senkrecht übereinanderstehen und der Gewichtsschwerpunkt unterhalb des Anfangs-metazentrums des Halbtauchersystems liegt, entsteht ein aufrichtendes Moment, das dem krängenden Moment entgegenwirkt. Dieses aufrichtende Moment ist die Resistenz des Seefahrzeugs gegen Krängung. Und Gegenstand unserer Stabilitätsbetrachtungen. Durch Wind, Seegang und Dünung entstehen dynamische Stabilitätsbelastungen (z.B. Rollperioden-resonanzen oder das „Geigen" des Schiffes) deren Beurteilung weitestgehend der nautischen Erfahrung der Schiffsführung überlassen bleiben.

Der aus der Psychologie stammende Begriff der Resilienz wird häufig mit dem „Abfederungsvermögen" von Systemen gegen äußere Störungen gleichgesetzt. Der Begriff Resilienz wurde in den 1970er Jahren durch Crawford S. Holling in die Ökologie eingeführt. Die Idee der Resilienz von ökologischen und sozialen Systemen setzte sich ab den 1990er Jahren zunehmend durch[22]. In diesem Sinne ist der Kolbenwasserkäfer sehr wahrscheinlich resilient. Die biologische Evolution stellt immer alle Parameter zur Disposition. Lebewesen, die über Jahrmillionen in einem Gestaltungszustand verharren (ohne auszusterben)

[22] https://de.wikipedia.org/wiki/Resilienz

haben die komplexe Balance von Funktion und Gestalt die ein sich veränderndes Habitat verlangt, gefunden. Die bislang ältesten Funde fossiler Käfer stammen aus dem Perm und sind etwa 265 Millionen Jahre alt.
Resilienz bezeichnet in der Technik die Fähigkeit von artifiziellen Systemen bei massiven externen und/oder internen Störungen und Teilausfällen nicht vollständig zu versagen, sondern selbstständig wesentliche Funktionen aufrechtzuerhalten oder in den Ausgangszustand zurückzukehren (allgemeine Systemtheorie). Artifizielle Resilienz zielt auf Gestaltungslösungen für Technik und Prozessführung um bei massiver externer und/oder interner Unsicherheiten, die nicht wesentlich reduziert werden können, funktionsfähig zu bleiben. Sie zielt ferner auf Robustheits- Plausibilitätsüberlegungen zur Vorbereitung auf Überraschungen und das unerwartete Zusammentreffen mehrerer Stör-ereignisse und unvorhergesehene Verkettungen. Unsere Aufgabe sei es an dieser Stelle, abstrakte Gestaltungselemente resilienter Systeme, wie Puffer, Redundanzen, Diversität und dämpfende Rückkopplungen zusammenzutragen mit dem Ziel die richtige Balance zwischen Dezentralität und Zentralität, Reservekapazitäten, die Starrheit von Kopplungen, Speicher- und Lastmanage-ment herauszufinden. Gleichsam sind natürliche und artifizielle Systeme und Prozesse hinsichtlich ihrer Vulnerabilität[23] (Verwundbarkeit) auf der einen Seite und resiliente Merkmale und Eigenschaften auf der anderen zu hinterfragen. Technische Verwundbarkeit maritimer Systeme zu verstehen heißt also, zu ermitteln welchen Stressfaktoren ein maritimes Fahrsystem ausgesetzt ist, welchem physikalischen Impact es ausgesetzt ist (externe Dimension), ob es dieses physikalische Ungemach bewältigen kann (interne Dimension) und unter den Folgen der Schocks und Nichtbewältigung leiden zu muss, gegebenenfalls versagt.
Ich wende die systemische Sicht, den systemischen Duktus auf Technik und auf Lebewesen an, respektvoll und wohl wissend, dass ein Biosystem ein Wesen ist, das west. Denke ich über die Resilienz maritimer Systeme nach, kommt mir zuerst das Paradigma mechanischer Festigkeit und Kompaktheit in den Sinn. Resiliente Systeme sind mechanisch widerstandsfähig. Einem von außen eingebrachten physikalischen Impact setzen sie strukturellen Aufwand und geeignete Materialien entgegen. Es ist also ein Phänomen der Phasengrenze, die das (vielleicht bedrohliche) Außen von einem schützenswerten inneren

[23] Der Begriff Vulnerabilität (von lateinisch *vulnus* „Wunde“ bzw. *vulnerare* „verwunden“) bedeutet „Verwundbarkeit“ oder „Verletzbarkeit“. Er findet in verschiedenen wissenschaftlichen Fachrichtungen Verwendung.

Milieu trennt. Viel seltener verwenden wir die Metapher der Hülle als etwas die Außenwelt mit dem Inneren Verbindendes. Im Systeminneren, also diesseits der Phasengrenze herrscht ein organisiertes Gefüge von Wirk- und Funktionseinheiten, die das Funktionieren des Gesamtsystems gewährleisten. Um deren Intaktheit dreht sich offenbar die Sorge. Intaktheit und Unversehrtheit von Hülle und Innerem ist also offenbar ein wichtiger Resilienzparameter. Intaktheit, im deutschen Sprachgebrauch steht Takt für Rhythmus, melodisch, ist ein hochinteressantes Wort. Suggestiv steht intakt für unbeschädigt, heil, unversehrt und frei von Mängel, ganz. Der Begriff der Intaktheit impliziert aber auch ein funktionales Zeitverhalten des Systems. Intaktheit ist also eine Prozesseigenschaft. Als seien zum Funktionieren (Überlebens-) Rhythmen zugange, eine Transition, ein Zeitverhalten. Ein Trigger; ein Sound, wer hätte das gedacht.
Wir werden unten sehen, dass Resilienzphänomene uns besonders dann interessieren, wenn sie mit geringem oder ohne kognitiven Aufwand erfolgen und ablaufen. Nicht kognitive Resilienz meint beispielsweise die Fähigkeit eines Systems passiv adaptiv zu sein. Passive Merkmale spielen bei der Frage der Seetüchtigkeit eine entscheidende Rolle. Passive Eigenschaften rühren in der Regel von Konstruktionsmerkmalen her mit dem Vorteil, dass Gestaltungsregeln erlernbar sind. Einem physikalischen Ungemach passiv zu widerstehen gelingt im rauen Leben draußen auf See oft durch schiere Größe und physische Präsenz der Konstruktion.
Eine Komponente der Resistenz gegen Rollen ist die über die Lateralfläche getragene (Flächen-) Trägheit des Unterwasserschiffes. Das Flächenträgheitsmoment einer Schnittfläche des biegeverformten Bauteils gibt in der klassischen Elastostatik Auskunft über seine Resistenz gegenüber Gestaltänderung. Das Trägheitsmoment ist dann am geringsten, wenn die Drehachse durch den Schwerpunkt der Fläche verläuft. Daher ist der Steiner'sche Anteil stets positiv, wenn man eine Parallelverschiebung der Drehachse weg vom Schwerpunkt durchführt. Das Flächenträgheitsmoment ist eine „extensive" Größe. Das bedeutet, das Flächenträgheitsmoment (in seiner Eigenschaft als extensive Größe) ändert sich mit der (Größen-) Variation der Geometrie des betrachteten Systems. Grundsätzlich sind extensive Größen (wie etwa das Volumen, die Masse, die Stoffmenge selbst) superponierbar und additiv. Wird beispielsweise die Stoffmenge verdoppelt, verdoppelt sich die extensive Größe.

Im Folgenden werden wir auf der Grundlage eines in [Die-18] dargestellten Verfahrens der Trägheitsflächen und der axialen und polaren Flächenträgheitsmomente zwischen translatorischen und rotatorischen Phänomenen unterscheiden. Vergegenwärtigen wir uns noch einmal die graduelle Einteilung der Schiffsbewegungen: ROLL, das Rollen oder Rotationsschlingern, Rotation um die X-Achse; PITCH, das Stampfen und Nicken entsprechend einer Rotation um die Y-Achse; YAW, das Gieren, die Rotation um die Z-Achse; SURGE, die der Fortbewegung überlagerte translat. Bewegung in X-Richtung; SWAY, die translatorischen Seitenverschiebung in Y-Richtung; HAEVE, die Tauch- und Hebebewegung in Z-Richtung und LURCH, dasSchlingern und Taumeln um den Bugpunkt. All diese Schiffsbewegungen und respektive die jeweilige Resistenz gegen diese Schiffsbewegungen sind mit mehr oder weniger Intensität an die Größe, die Art und Flächenverteilung des Unterwasserschiffs (den Lateralplan) des Seefahr-zeugs verknüpft. Grundsätzlich ist vielleicht noch hervorzuheben, dass der Lateralplan eines Seefahrzeugs nichts (aber auch gar nichts) über die Masseverteilung im Unterwasserschiff und im gesamten Halbtaucher, seiner Last- und Ladungsverteilung etwa, aussagt. Es werden alleine die über die Fläche und die Flächenverteilung getragenen Bewegungsphänomene einer Resistenz diskutiert und keine mit der vom Bootskörper verdrängten Wassermasse in Verbindung stehenden Effekte abgebildet, sondern lediglich translatorische Friktionsphänomene und mit der Fläche und der Flächenverteilung im Lateralplan verbundene Widerstandseffekte.

Faktoren, die Fahrtleistung und Fahrteigenschaft einer Touren-Rennyacht bestimmen, können eine Vorlage sein, verallgemeinernde Resienzkriterien zu formulieren, die auch für die Untersuchung biologischer Wesen taugen. Formwiderstand, dh. Schlankheit und Formgebung des Unterwasserschiffes, Reibungswiderstand der benetzten Oberfläche des Unterwasserschiffes, mechanische Festigkeit und Stabilität, Manövrierfäghigkeit, Passive Kurshaltefähigkeit, Seefreundlichkeit (bezüglich der Bewegungen im Seegang), Seetüchtigkeit (hohe Überlebenswahrscheinlichkeit und gutes Verhalten bei extremen Wetterverhältnissen) Geometriereduktion, kontrollierte Elastizität, aufkommende Robust- und Kompaktheit führen auf ein extrem regenerationsfähiges System (RESILIENCY).

Eine der Aufgaben des Unterwasserschiffs eines Mobilitätssystems mit seinen Leit- und Steuertragflächen im Lateralplan, ist das Erzeugen und Bereitstellen jener Querkraft, die zum Manövrieren und zum Stabilisieren benötigt wird. „Bezahlt“ wird das Auftriebsgebaren der Leit-, Steuer- und Stabilisierungstragflächen mit fluidmechanischem Widerstand. Der Leistungsaspekt ist bei (artifiziellen und biologischen) Halbtauchersystemen vor dem Hintergrund interessant, dass die zum Langsamfahren und zum Manövrieren erforderlichen Strömungskräfte bei Schiffen durchaus nicht nur mit Tragflügelsystemen des Lateralsystems, sondern mit Antriebsorganen realisiert werden, was strukturellen kognitiven Kontrollaufwand erfordert und energetisch als Verlust in die Leistungsbilanz eingeht. Durch ein passives, starres Tragflügelsystem im Lateralplan des Halbtauchers ist ein gewisser energetischer Benefit zu erwarten und man kann zeigen, wie „leistungsfähig" ein auf Tragflügeln basierendes Lenksystem ist. Nun: unterschiedlichen strömungsmechanisch wirksamen Tragflügeln gelingt die Querkrafterzeugung mehr oder weniger gut, aber passive Phänomene der Strömungskontrolle und der Optimierung der (Leistungs-) Parameter des Lateralsystems schlagen hier gegebenenfalls mit attraktiven Wirkungsgrad-verbesserungen zu Buche. Manövrieren mit einem Starren, passiven Leit-, Steuer- und Stabilisierungstragflächensystem bedeutet und erfordert in diesem Zusammenhang die kontrollierte Lage- und Positionsänderung des Fahrsystems. Der stationären Betrachtungsweise müssen wir an diesem Ort der Argumentation dynamische Aspekte zur Seite stellen.

Im Seegang – respektive der Woge bei unserem Wasserkäfer - erfährt das halbtauchende Fahrsystem eine ganze Reihe unterschiedlicher (Schiffs-) Bewegungen, die mit einer bestimmten (Winkel-) Geschwindigkeit ablaufen und auf das System einwirken, die sich mehr oder weniger schnell ändern und an verschiedenen Orten an und im System mehr oder weniger große Beschleunigungen hervorrufen. Für ein Lebewesen können diese Beschleunigungen ermüdend und erschöpfend wirken oder kognitive und ästhetische Leistungen (Wahrnehmungen) stören oder mindern, vielleicht zur Handlungsunfähigkeit führen. Für die Crew eines Seefahrzeugs ist dies ein Fakt. Im Allgemeinen hängt die Stärke der Beschleunigungen und ihre Frequenz von der (Massen-) Trägheit des Halbtauchersytems ab, vereinfachend gesagt: von seinem Displacement. Folglich werden Fahrsysteme unterschiedlicher Verdrängung im gleichen Seegang und auf gleicher Woge unterschiedliche Beschleunigungen erfahren. Erwartungsgemäß sind „schwere, massige" Fahrsysteme gegenüber den kognitiven und ästhetischen Wahrnehmungsleistungen freundlicher als leichte. Das gilt zumindest für artifizielle Fahrsysteme (Boote) und deren Besatzungen; vielleicht auch für biologische Halbtaucher, das wissen wir nicht. Das Ausmaß der Beschleunigungen ist auch vom Verhältnis der

Lateralfläche und des Volumen des (Halbtaucher-) Körpers über- und unterhalb der Wasserfläche abhängig. In der Technik sind leichte und breite moderne Boote mit ihren hoch über der Wasseroberfläche liegenden Aufbauten besonders verletzlich. Ihnen mangelt es an Seefreundlichkeit und Seetüchtigkeit.

Für die vergleichende Untersuchung der Lateralpläne von Halbtauchersystemen und der passiven Komponente ihres Einflusses auf Seetüchtigkeit wurde in [Di-18] eine kleine Schar typischer Lateralplan-geometrien zusammengestellt. Neben dem lateralplanlosen Grundkörper stehen ein fiktiver generalisierter Halbtaucher, eine Fahrtenyacht, zwei Lateral-pläne typischer „Sportgeräte" und die „Unterwasserschiffe" zweier biologischer Halbtaucher, den Lateralplänen von Kolbenwasserkäfern unterschiedlicher phänotypischer Expression. Die Lateralpläne sind auf eine in zehn Längeneinheiten diskretisierte Konstruktionswasser-linie LWL generalisiert.

PITCH-Resistenz

Betrachten wir das Nicken eines Halbtauchers in Fahrt. Wieder besitzt das modellierte Fahrsystem einen idealisierten Kraftmittelpunkt, an dem die drei Achsen unseres körperfesten Lagrange-Koordinatensystems einen gemeinsamen Schnittpunkt haben. Und ebenso wie in den obigen Ausführungen betrachten wir die Wirkung von Massenkräften des Gesamtsystems nicht, sondern lediglich den Einfluss der Art, Größe und Flächenverteilung des Lateralplans. Der physikalische Impact steht nicht senkrecht auf dem Lateralplan sondern orthogonal.

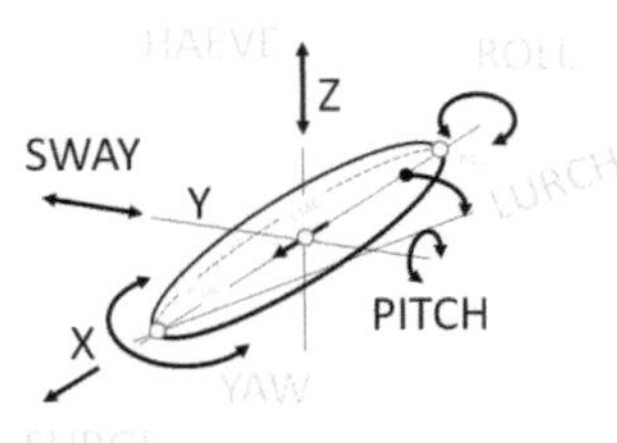

Der Konstruktionsmittelpunkt PMc liege im Ursprung des XYZ-Koordinatensystems; somit ist PMc Element der Y-Achse. Die rotatorische PITCH-Bewegung des Seefahrzeugs sei ihre Drehung um die Y-Achse. Die beaufschlagende Flächenlast q(x,z) sei homogen und konstant und alle relevanten finiten Flächenelemente des Lateralplans sollen a priori gleich beaufschlagt sein. Über die Relevanz der Tragflächenelemente entscheidet der Lateralplan des Seefahrzeugs.

PITCH-Resistenz: $R_{PITCH} \sim \Sigma^{i,k} \, (A_{i,k} \, c_{FRIC})$ bzw. $R_{PITCH} \sim \Sigma^{i,k} \, (c_{FRIC})$

Satz: Für große Lateralpläne ist die PITCH-Stabilität groß.

Zusammenfassend läßt sich hinsichtlich der Lateralfläche ausgesuchter Halbtauchersysteme linearen Phänomene sagen: Unter Beaufschlagungslast leisten alle finiten Lateralflächenteile $A_{i,k}$ unabhängig von ihrem Ort $P_{i,k}$ im Lateralplan des Halbtauchers den gleichen Beitrag um das Seefahrzeug gegen das Surfen, das Driften, Heben und Tauchen zu stabilisieren. Die Matritzen der Koeffizienten der Einflussgrößen ist homogen. Vergleichen wir nun einige Lateralflächentypen. Stellvertretend für die Resistenzen gegen SURGE, HEAVE und PITCH betrachten wir die stationäre SWAY-Resitent in einer vergleichenden Graphik. Weit vor dem (fiktiven) generellen Seefahrzeugmodell liefert die Lateralfläche der Langkielyacht die größten Beträge zur SWAY-Resistenz, das Surfboard die kleinsten Beiträge. Den Erwartungen gemäß.

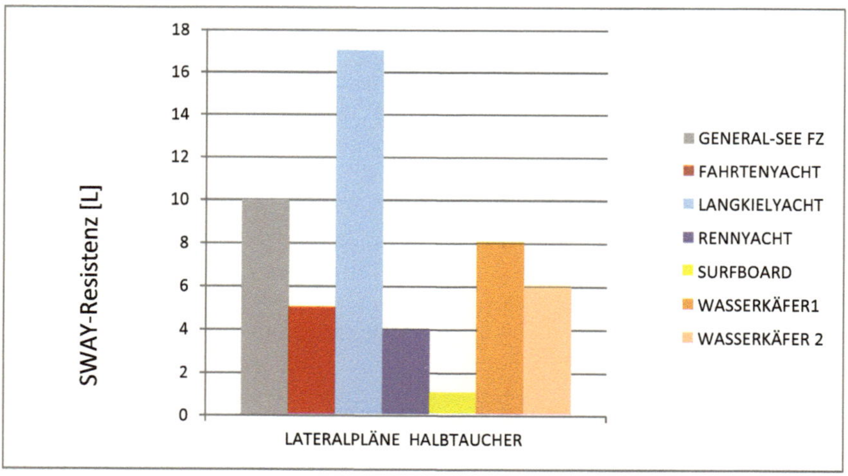

Eine Vereinfachung sei vorausgesetzt: Der Konstruktionsmittelpunkt PMc liege im Ursprung des XYZ-Koordinatensystems; somit ist PMc Element der X-Achse. Die translatorische SURGE-Bewegung des Seefahrzeugs sei ihre Verschiebung parallel der X-Achse. Die beaufschlagende Flächenlast q(x,z) sei homogen und konstant und alle relevanten finiten Flächenelemente des Lateralplans sollen a

priori gleich beaufschlagt sein. Über die Relevanz der Tragflächenelemente entscheidet der Lateralplan des Seefahrzeugs. Die Einflussfaktoren unserer Modell-Lateralpläne bleiben also für einen ersten Hub unserer Betrachtungen konstant, die daraus für ein Halbtaucher-transportsystem herleitbaren Erkenntnisse eher beschränkt.
Ganz anders die Resistenz gegen das das Rollen oder Rotationsschlingern, die Rotation um die X-Achse, das Stampfen und Nicken entsprechend einer Rotation um die Y-Achse und das das Gieren, die Rotation um die Z-Achse.

YAW-Resistenz

Beginnen wir mit dem Gieren. Der betrachte Halbtauchers in Fahrt besitzt einen idealisierten Kraftmittelpunkt, an dem die drei Achsen unseres körperfesten Lagrange-Koordinaten-systems einen gemeinsamen Schnittpunkt haben. Wieder betrachten wir keine Wirkung von Massenkräften des Gesamtsystems sondern lediglich den Einfluss des Lateralplans, also geometrische Konstruktions- und Gestaltungsparameter.

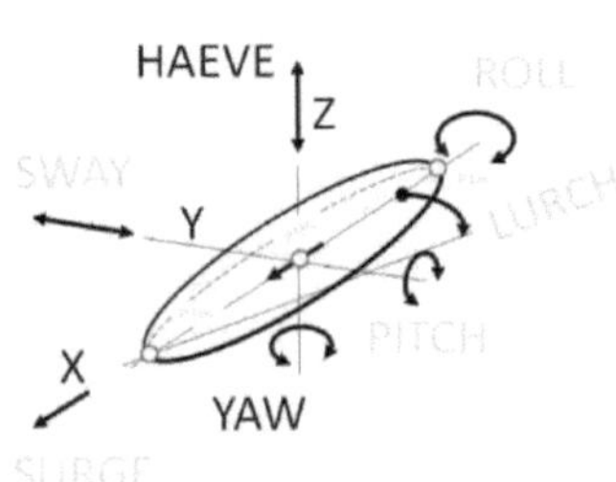

Das (idealisierte) Gieren des Halbtauchers entspricht einer Rotation um die Z-Achse. Die Resistenz gegen das Gieren soll über das axiale Flächenträgheitsmoment 2. Ordnung des Lateralplans getragen werden. Der Lateralplan seinerseits sei in finiten, das heißt absehbar durch mehr oder weniger kleine Rechtecke beschreibbare Flächenteilchen gegeben. Jedes einzelne kleine Flächenelement besitzt nun also ein (eigenes) Flächenträgheitsmoment und einen zweiten Summanden, den so genannten Steiner-Anteil, der dem Umstand, dass die Flächenträgheit mit einem gewissen Abstand der Teilfläche zur Rotationsachse wirksam wird. Die Definition des Steiner-Anteils ist bekanntermaßen das Produkt eben diese kleinen Teilfläche mit dem Quadrat des Wirkabstands von der Rotationsebene. Diese Definition verrät auch das Zustandekommen der vieleraugs als unhandlich betrachteten Dimension eines Flächenträgheitsmomentes 2. Ordnung, I [m^4]. Für einen Rechteckquerschnitt in der für das Gieren relevanten (x-y) Ebene $\Delta A = \Delta x \Delta y$ entnehmen wir dem Tabellenwerk der klassischen

Mechanik ein Flächen-trägheitsmoment 2. Ordnung um die vertikale (z-z) Achse $I=\Delta x \cdot \Delta y^3/12$ [m^4].
Es soll an dieser Stelle daran erinnert sein, dass der allgemeine und wahrscheinlich am häufigsten auftretende Fall einer solchen Betrachtung eben mitnichten von einer quadratischen finiten Teilfläche ausgehen kann! aus dem einfachen Grund, weil sich Lateralpläne, die selbst eine gewisse Schlankheit aufweisen, nur in ausgesuchten Fällen in Quadraten diskretisieren lassen.

ROLL-Stabilität eines Halbtauchers

Die hier angeführten Resistenz Modelle verwenden keinen „Hebelarm“ sondern einen Wirkabstand der finiten (Einheits-) Flächenelemente eines diskretisierten Lateralplans. Desweitern betrachten wir an dieser Stelle keinerlei Massenwirkungen, die einen (gravitativen) Hebelarm suggerieren, sondern allein geometrische Konstruktions- und Gestaltungsparameter, also die „Art und Gestalt des Lateralplans“.

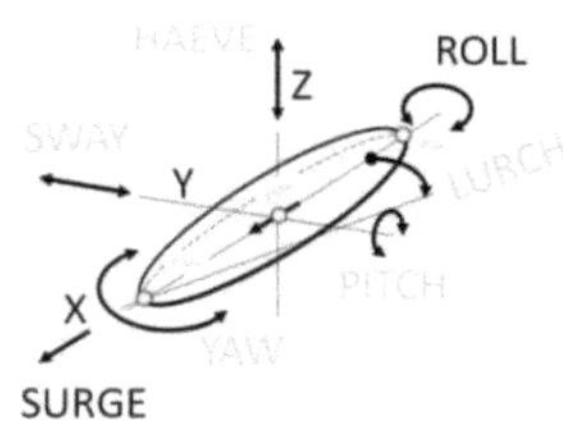

Resistenz gegen das Rollen in Fahrt (ROLL-Stabilität) ist eine absolut erwünschte Eigenschaft eines Halbtauchers. In Verbindung mit fehlender Richtungsstabilität (LURCHING-Resistenz), tritt insbesondere bei einem Kraftangriffspunk deutlich oberhalb der ROLL-Achse das so genannte „Geigen“ des Seefahrzeugs auf. Geigen mit der Gefahr, dass das Fahrsystem an Manövrierfähigkeit einbüßt und wörtlich „aus dem Ruder“ läuft.
Die LURCHING-Resistenz kommt ins Spiel, wenn das Halbtauchersystem geschleppt wird, also der Kraftangriffspunkt nahe der Bugspitze des Schiffes liegt. Ein durchaus extremes Szenario. Doch immer dann, wenn der Kraftangriffspunkt aus dem Konstruktionsmittelpunkt wandert (was oft geschieht), sind derartige, von unseren Modellannahmen verschiedene Resistenzen gegenüber der von einem physikalischen Impact getragenen Schiffsbewegung relevant.

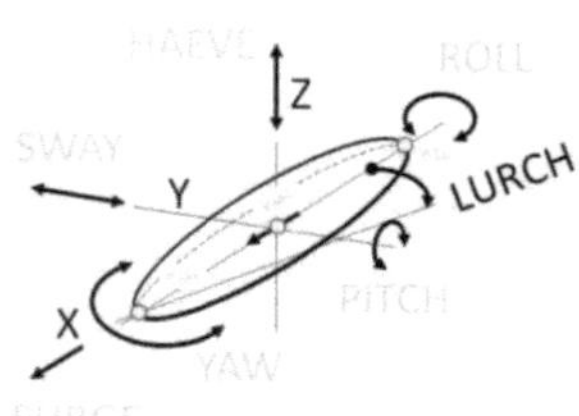

Für das lokale Flächenträgheitsmoment 2. Ordnung um die x-Achse an einer beliebigen Stelle (i,k) des Lateralplans des Halbtauchers finden wir (gegenüber der Roll-Achse, der lagrange'schen x-Achse) konzentrisch konstante Einflusskoeffizienten.
Die in diesem Zusammenhang (ROLL) auftretende

lineare Komponente des Prozesses ist die LURCHING-Instabilität. Für die lokalen Flächenelemente im Lateralplan und entlang der x-Achse an einer beliebigen Stelle (i,k) des Lateralplans des Halbtauchers, finden wir, gegenüber der LURCHING-Achse, dem lagrange'schen Bugpunkt P_{Bik}, konzentrisch konstante Einfluss-koeffizienten.

Weil es im klassischen Yachtdesign keine quantifizierenden Vergleichskriterien für die Lurching-Komponente gibt, möchte ich von einer Kopplung oder Einberechnung in die YAW- und ROLL-Resistenz an dieser Stelle absehen, aber im Auge behalten.

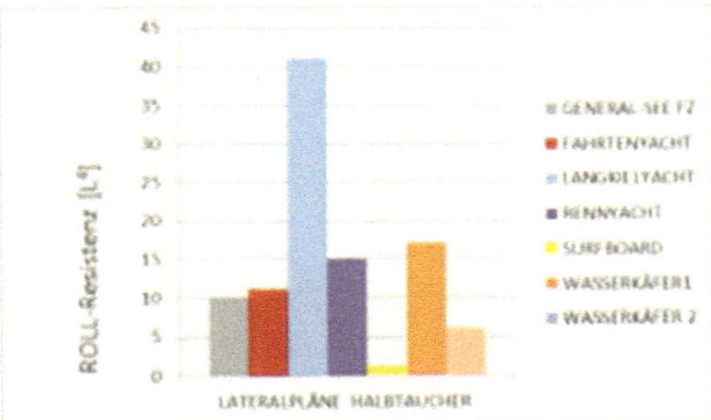

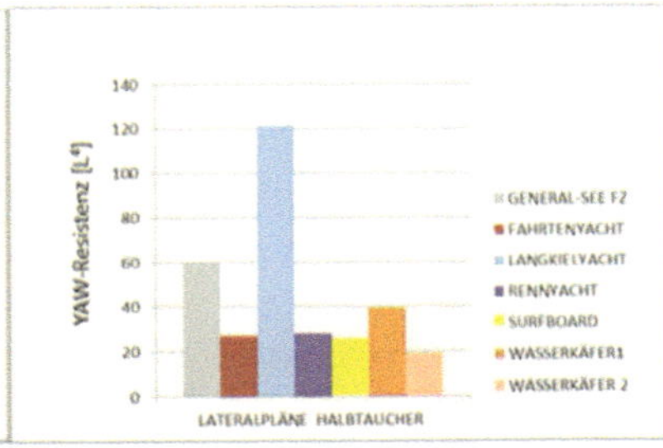

Die YAW-Resistenz und ROLL-Stabilität unterschiedlicher Halbtaucher-Lateralpläne unterscheiden sich in ihrer Größenordnung. Unter der Annahme, dass die Formänderungsarbeit an der, durch den Lateralplan determinierten, verdrängten Wassermasse eines halbtauchenden Seefahrzeugs in Fahrt in erörterter Weise als Kriterium für die YAW-Resistenz und ROLL-Stabilität unterschiedlicher Halbtaucher-Lateralpläne beschrieben werden darf, aber über unterschiedliche Achsen an das Modell getragen wird, stellt sich ein durchwachsenes Bild dar. Die passive Resistenz gegen Rollbewegung ist erwartungsgemäß bei der langkieligen Yacht am stärksten ausgeprägt. Rein quantitativ ist die Flächenwirkung des Langkielers bevorteilt. Interessant ist Charakterisierung der Resistenzeigenschaften des Unterwasserschiffes der Rennyacht. Der lange Hebel (klassische Argumentation) geht zunächst positiv in die Bilanz ein. In Anbetracht dessen, dass die Rennyacht ja eine Segelrennyacht ist, stehen ja die passive Resistenzleistung der Formstabilität des Unterwasserschiffs und das Energieangebot des „Leistungs-Entkopplungs-Apparates" (vulgär: Segel) oberhalb der Wasserlinie in einem dynamischen Gleichgewicht immer dann, wenn die Bilanz alle, und hier eben auch die gravitativen Komponenten berücksichtigt. Aber genau das tut unsere Methode

nicht! Dennoch bleibt eine Mahnung die Abstandsquadrate im Wirkabstand nicht zu unterschätzen oder zu vernachlässigen. Im positiven Sinne.
Das Surfboard holt seine Roll-Stabilität (natürlich) nicht aus dem Unterwasserschiff. Surfboards werden im Allgemeinen nicht und als Referenzsystem schon gar nicht als Halbtaucher behandelt, sondern als Gleiter. Die Resistenz gegen das Rollen hat seine Ursache in ganz anderen, wenn auch ebenfalls geometrischen Eigenschaften. Aber das Surfboard wird seiner Rolle als Vergleichssystem gerecht. Wir sehen hier sozusagen das untere Ende der Fahnenstange.
Was uns zu den beiden Modellen der Kolbenwasserkäfer bringt. Das Unterwasserschiff der Kolbenwasserkäfer ist ein wunderbares Beispiel für eine Integralkonstruktion. Die (an anderer Stelle zu diskutierende) Rail-Fin-Intergation des Unterwasserschiffs des Kolbenwasserkäfers, die geometrische Kopplung eines (langen) Kieles mit einer achterlichen Finne, die Ablösung der Traktionstragfläche vom Rumpf, all das ist zunächst einmal gestalterisch gesehen von großer Ästhetik. The Big Flash. Dass sich diese Rail-Fin-Intergation aber auch vor dem Hintergrund der angesetzten Resilienz-Kriterien gegenüber der Rennyacht und dem Lateralplan der Fahrtenyacht durchsetzt, ist natürlich für einen Bioniker Grund zu großer Freude.
Die YAW-Resistenz des Langkieler-Lateralplans ist viermal so groß wie jener des Fahrtenyacht- und des Rennyacht-Unterwasserschiffes. Unter den Konfigurationen geringerer Gierfestigkeit schneidet das Unterwasserschiff des Kolbenwasserkäfers am besten ab. Renn- und Fahrtenyacht, als auch das Surfboard liegen zahlenmäßig auf ähnlicher Höhe. Das Surfboard fällt alleine dadurch nicht ins Hintertreffen, weil der Abstand der wirksamen Fläche einen großen „dynamischen Hebel“ – um diesen Begriff zu bemühen – besitzt und der so genannte Steiner-Anteil mit dem Quadrat des Abstands der wirksamen Flächeneinheit abgerechnet wird. Dieses Ergebnis ist einerseits sinnfällig, andererseits eine freundliche Geste der Analyse, das Abstands-Argument als feste Größe in die Gestaltungspraxis aufzunehmen; ähnlich der Argumentation um die Rollresistenz bei der Rennyacht.

LIFT und GRAVITATION

Der Halbtaucher soll nun eine Rollbewegung ausgeführt haben und wir betrachten in idealisierter Weise einen „eingefrorenen“ Zustand, in dem wieder Gleichgewicht herrscht. Zu allen Zeiten der Rollbewegung bleibt der Gewichtschwerpunkt an der gleichen Stelle im Schwimmkörper. Das leuchtet unmittelbar ein, denn der Gewichtsschwerpunkt selbst ist eine Gleichgewichtsdefinition gegenüber allen im System verteilten Massen. Beim Auftriebsschwerpunkt ist das anders. Auftrieb leisten alle Volumenanteile des Schwimmsystems, die leichter sind als Wasser. Auftrieb leisten alle Volumenanteile des Schwimmsystems, die Wasser verdrängen und dabei leichter sind (als dieses). Nur in ganz wenigen (geometrischen) Fällen bleibt beim Krängen der Auftriebsschwerpunkt, also der Gleichgewichtspunkt, der alle Auftrieb leistenden Volumenelemente repräsentiert am gleichen Ort im Schwimmsystem. Wegen der Geometrie des Rumpfes wandert der Auftriebsschwerpunkt. Das ist nicht so leicht zu verstehen. Viel einfacher wird die Anschauung, wenn wir uns den Auftrieb als die gesamte nach oben wirkende Gewichtskraft des „verdrängten Wassers" vorstellen. Als Volumenkörper besitzt die verdrängte Wassermasse eine eigentümliche Form. Diese Form ist kompliziert und ändert sich, wenn das Schwimmsystem krängt, also eine Rollbewegung ausführt, die dann einfriert, weil Gleichgewicht herrscht. In dieser Argumentation fehlt us noch eine Kraft. Wir sprachen oben darüber, dass der Gewichtsschwerpunkt seine absolute Lage im Bauplan des Schwimmkörpers beibehält; Dies ist die Betrachtungswese nach Lagrange, das körperfeste System. Bei Krängung durch eine von außen wirkende Kraft und in der Euler'schen Betrachtungsweise wandert der Gewichtsschwerpunkt in Richtung der Krängung. Falls die von außen wirkende Kraft nicht gerade genau auf den Auftriebsmittelpunkt zielt, wird sie mit ihrem Wirkabstand als krängendes Moment spürbar. Jeder, der schon einmal ein kleines Boot betreten hat und somit eine bewegliche Last war, eine von außen wirkende Kraft quasi, kann das bestätigen. Der Auftriebsschwerpunkt wandert (beim Krängen) ebenfalls in Richtung der Krängung, also zur selben Seite aus wie der Gewichtsschwerpunkt, was man sich dann leicht vorstellen, wenn man weiß, dass der Auftriebs-schwerpunkt das Zentrum des verdrängten Wassers repräsentiert.

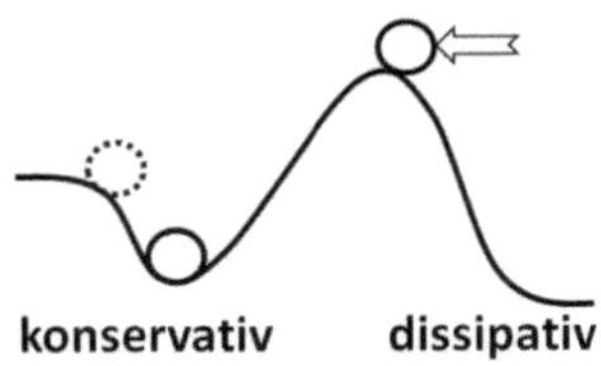

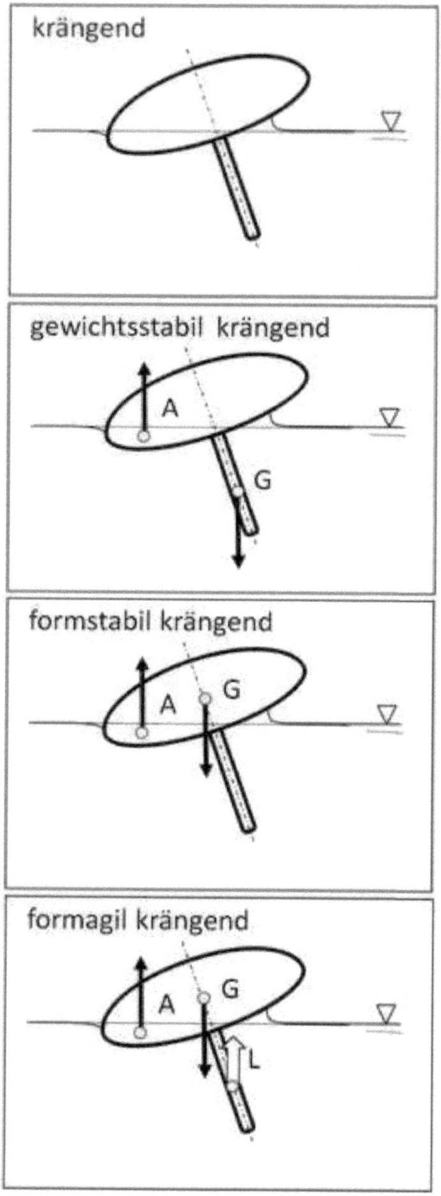

Gewichtkräfte und Auftriebskräfte sind von gleicher Art, mit dem Unterscheid, dass sie in entgegengesetzte Richtung wirken, also bei gleicher Richtung einen unterschiedlichen Richtungssinn haben. Die Ursache beider Kräfte ist die Gravitation. Jetzt, beim Krängen, stehen Gewichtsschwerpunkt und Auftriebsschwerpunkt nicht mehr senkrecht übereinander. Nehmen wir die Kraft, die das Krängen bewirkt fort, bilden Gewichtsschwerpunkt und Auftriebsschwerpunkt einen Hebelarm, der das Schwimmsystem in seine aufrechte Ruhelage zurückdrehen will. Das so genannte „aufrichtende Moment". In Fahrt ist das aufrichtende Moment ein Maß für die Resistenz gegen die Rotation um die X-Achse, also Rollen und im transienten, periodischen Fall das Rotationsschlingern.
Das aufrichtende Moment wird als eine „freundliche" Kraftwirkung empfunden. Die Wirkung einer konservativen Kraft, die ein Minimum an innerer Energie anstrebt und weil das aufrichtende Moment die (ruhige Anfangs-) Schwimmlage des Systems herbeiführt; so sind wir Menschenkinder nun einmal. Wir suchen nach Stabilität.

Aber nicht Alle. Für eine Seiltänzerin ist das herbeiführen des Minimums an innerer Energie nicht erstrebenswert; im Gegenteil. Sie versucht durch „Balance" einen labilen Zustand des Gleichgewichts aufrecht zu erhalten. Balance ist

offenbar ein kompliziertes Gemenge aus Kräften, Momenten, kleinen Energiedosen, gelegntlich Stoff und Information. Das labile Gleichgewicht zehrt quasi Energie und Information auf. Wir sprechen dann von einem dissipativen Gleich-gewichtszustand, einer Betriebsweise, in die wir Energie investieren müssen, um sie – die Konstellation der Betriebsweise - zu stabilisieren; die Rede ist nun von Ressourcen verbrauchenden Systemen.
Als Reaktion auf ein von außen eingebrachtes, krängendes Moment besitzt das (konservative System) Schiff eine, von seiner Gestaltung abhängige Fähigkeit, sich wieder aufzurichten und dann eine aufrechte Schwimmlage beizubehalten. Diese konservative Eigenschaft sei die Roll-Stabilität, eine Resistenz gegen die Rollbewegung des Seefahrzeugs. Ihr Gegenteil sei Roll-Agilität.
Was spricht für Agilität? Was spricht für das krängende Moment? Was spricht für eine vom Design des Schwimmkörpers abhängige Fähigkeit, aus der aufrechten Schwimmlage „herauszu-laufen"? Was spricht dafür, eine labile Gleichgewichtslage durch Dissipation von Energie und Information zu befüttern? Um diese Frage zu beantworten, wenden wir uns erneut dem konservativen Design zu. Das Rollverhalten von Schiffen mit einem großen aufrichtendem Moment nannten wir steif, das von Schiffen mit einem geringen aufrichtenden Hebelarm rank. Bei Segelyachten ist diese Semantik unmittelbar sinnstiftend. Ein rankes Schiff wähnt sich sofort unserer Bewunderung sicher, ein schlanker Scherenkreuzer gilt als rank, ein Plattbodenschiff eher nicht. Versuchen wir die Deutung und Benennung[24] des ranken Schiffes zu generalisieren, baut sich uns ein etwas anderes Bild auf. Containerschiffe aber auch zunehmend Kreuzfahrer haben bauartbedingt einen sehr hohen Gewichtschwerpunkt. Damit diese Schiffe dennoch stabil fahren, besitzen sie eine hohe Ballastwasserkapazität, vornehmlich in tieferliegenden Doppelbodentanks. Ein Kreuzfahrtschiff als rank zu bezeichnen ist aus der ästhetischen Sichtweise vieler Konstrukteure eher grenzwertig, formal aber richtig. Ganz anders das Kohlenlastschiff, das im beladenen Zustand einen sehr tief liegenden Schwerpunkt besitzt. Seine Resistenz gegen Rollen, sprich seine Roll-Stabilität, ist unerwünscht hoch! Unerwünscht, weil das Schiff nun in der (entlang der) X-Achse „präzisiert" und mit hohen Beschleunigungen von kurzer Periodendauer aufwartet. Man denke auch hier wieder an eine Eisprinzessin, die durch anbeugen der Arme ihre Rotationsgeschwindigkeit erhöht, durch Ausstrecken aber die Drehzahl der Pirouette verkleinert. Dementsprechend

[24] Deutung und Benennung ist eine sehr terffende Metapher für den Begriff DESIGN.

wird ein Schiff mit unerwünscht hoher Rollstabilität durch Aufnahme von Ballastwasser in Hochtanks „beruhigt".
Die wegen der hohen Rollstabilit angestrebte Beruhigung des Schwimmsystems, sei es nun präzissierede Kohlenschiff oder der schwimmende Biber ist noch kein überzeugendes Argument für Agilität, die aus der Dissipation stammt! Um an einem Schwimmsystem das Wechselspiel krängender und rückstellender Momente näher zu erörtern, betrachten wir erneut Segelyachten. Bei Segelbooten kommt das krängende Moment aus der Segelkraft oftmals mit erheblichen Hebelarmen daher. Der Druckmittelpunkt der Segeltragfläche ist deutlich über der Wasseroberfläche, während sich die Rotationsachse (idealisierter Weise die X-Achse des Schwimmsystems) um die sich die Rollbewegung vollzieht, etwa ebendort befindet. Betrachten wir nun Einflüsse, die an einem idealisierten Rumpf einer Krängung entgegenwirken und solche, die sie befeuern, so ergibt sich eine allen Seglern wohlbekannte Argumentation. Der Ballastkiel einer Segelyacht wirkt als Gegengewicht G der Krängung (der Yacht) entgegen. Die Kraft A ist der hydrostatische Auftrieb der aus dem Volumen der verdrängten Wassermasse stammt. Auftrieb und Gewichtskraft bilden ein Kräftepaar und bewirken ein rückstellendes Moment auf das krängende Schwimmsystem. Das Ganze funktioniert ähnlich dem Prinzip des Stehaufmännchens, gedacht in einer „Flüssigkeitslagerung" und ist sofort zu verstehen: es ist die Konfiguration der klassischen Kielyacht. Das formstabil krängende Boot, eine Jolle in unserem Beispiel (3), ist deshalb ein wenig komplexer, weil einerseits das meistens recht leichte Schwert nur geringe Beiträge zur Gewichtsstabilität beitragen kann und andererseits weitere Kräfte im Spiel sind. Das Jollenschwert ist ein Flügel der im Medium Wasser arbeitet und dessen Aufgabe darin besteht, spürbar Querkraft zu erzeugen. So gesehen ist natürlich auch der Yachtkiel ein Querkraft erzeugendes System. Für die Gewichtsstabilität gilt, dass mit zunehmender Krängung der Auftriebsmittelpunkt nach außen wandert und damit das aufrichtende Moment erhöht.
Anders bei der Segeljolle. Beim formstabil krängenden System ist die Lage des Auftriebspunktes, der Schwerpunkt der vom Schwimmkörper verdrängten Wassermasse, für die Formstabilität von entscheidender Bedeutung. Mit zunehmender Krängung wird das Wasser mehr und mehr auf einer Seite des Rumpfes (auf dem Bug auf dem das Schiff segelt) verdrängt. Dadurch wandert der Auftriebspunkt nach außen und ein rückstellendes Moment wirkt. Dies gilt umso mehr, je breiter das Boot ist. Bei zu großer Krängung nimmt das Moment

wieder ab, weil der Auftriebspunk wieder zur Mitte wandert, was vom Jollensegler intuitiv mit einer entsprechenden Körperbewegung beantwortet wird. Jollensegler sind die wahren Meister des dynamischen Gewichtstrimms und bei Regatten auch auf Kielyachten gern gesehene Gäste. Sie beherrschen die Kunst, dem Dickschiff verborgene Agilität zu entlocken. Dies erklärt viellecht, warum viele erfolgreiche Steuerleute des America's Cup aus den Jollenklassen kommen.

Das letzte Bild der Serie zeigt einen Kiel, der mit dem vertikalen Auftrieb L (quasi einer Gewichtkraft mit negativen Vorzeichen) arbeitet. Solche Kiele kommen bei artifiziellen Schwimmsystemen in der Regel nicht vor. Sie sind eigentlich nicht Stand der rezenten Technik.

Eigentlich aber doch. Spielen wir das Szenario der letzten Abbildung (4) einfach mal durch. Wie in den anderen drei schematischen Skizzen herrscht kein! Gleichgewicht. Das formstabil krängende System entsprechend (3) besitzt die Auftriebskomponente A, die der verdrängten Wassermasse entspricht, das Moment aus der Gewichtskraft G, die recht weit oben auf der Z-Achse angesiedelt sei und bedürfe demnach noch einer zusätzlichen rückstellenden Kraft, die beispielsweise von einem ausreitenden Vorschoter herrührt und in der Skizze nicht berücksichtigt ist: Das klassische Jollenkonzept der Formstabilität. Nun sind Jollen in der Regel recht agil. In einigen Segelklassen sogar extrem agil. Betrachten wir hierzu die foilende MOTH[25]. In dieser Bootsklasse kann das Sportgerät dem Segler einfach nicht agil genug sein. Motten dürfen Tragflügelsysteme nutzen, um sich aus dem Wasser zu heben. Wer zum ersten Mal eine Moth segeln sieht, glaubt an ein Wunder. Die Geschwindigkeit der Jolle ist mit bis zu 30 km/h exorbitant hoch und dennoch ist auf einem Kurs die „gespürte" Richtungsstabilität groß.

Von einem Langkieler aus betrachtet gleicht das Segeln und die Flug-Bahn der Motte einem Zaubertrick. Auf den zweiten Blick ist der Lift, der aus dem Auftriebsgebaren eines Tragflügels stammt aber äußerst plausibel vermittelbar. Dynamische Auftriebskraft an einem Tragflügel, der Lift, ist ein erstaunlich

[25] https://www.imoth.de/ Die Moth ist die einzige von der ISAF anerkannte Einhand-Jollen-Konstruktionsklasse. In dieser Bootsklasse ist alles erlaubt, bis auf ein paar wenige Einschränkungen. Das Boot muss im Wesentlichen folgende Voraussetzungen erfüllen: Es ist eine Einmann-Einrumpfjolle, nicht länger als 3,35 Meter lang und maximal 2,25 Meter breit, mit maximal 8,25 Quadratmeter Segelfläche. Siehe auch Tragflügelsystem unter: http://www.fastacraft.com/

robustes physikalisches Phänomen. Dynamischer Lift an maritimen Systemen entsteht, wenn ein Tragflügel mit der Kontur eines Flugzeugprofils im Medium Wasser arbeitet und vertikal gerichtete Querkraft erzeugt: das Foil. Meistens besitzen foilende Boote einen Tragflügel etwa schiffsmittig und einen weiteren Tragflügel am Ruderblatt achtern. Die Tragflügel sorgen in Fahrt für die Vertikalkomponente einer Kraft, die das Boot samt Segler aus dem Wasser zu heben vermag. Bei der Konstruktion und Optimierung dieserart agilen, dynamischen Auftriebssystemen lenkt man alle Aufmerksamkeit in die Auswahl der signifikanten Tragflügelprofile. Dynamischer Auftrieb ist ein sehr starker physikalischer Effekt. Er wird deutlich von der Geschwindigkeit des Seefahrzeugs dominiert. Ein Schwimmsystem in Fahrt befindet sich in einem energetisch hochwertigen Zustand. Es wurde bereits Energie und Information verdissipiert (im Sinne von investiert) um eine geeignete Betriebsweise des Fahrsystems herbeizuführen, ein Zustand, der überhaupt zum Foilen taugt. Das ist bei einer Geschwindigkeit von etwa 3-4 [m/s] der Fall. Dabei ist das Foilen, das Fahren auf kleinen Brettchen, die zusammen eine Fläche von weniger als zwei DIN A4 Seiten Druckerpapier aufweisen und dann 1000 Newton vertikale Querkraft erzeugen sehr stabil. Agil, richtungsstabil, unbeschleunigt und stationär.
Statischer Auftrieb ist nichttransient und unabhängig von zeitbasierten Größen wie etwa der Fahrgeschwindigkeit. Wir haben oben gesehen, dass die von der Gravitation bedingten Kräfte und Momente an einem Schwimmsystem die Konstruktionsparameter determinieren immer dann, wenn zwischen Schiffsstabilität auf der einen Seite und einer angestrebten Agilität auf der anderen Seite, Produkterwartungen befriedigt werden. Der statische Auftrieb wächst nicht mit dem Quadrat der Geschwindigkeit, sondern bleibt in Fahrt konstant; er ist also nicht transient, was subjektivi gegen Agilität spricht. Und irgendwie langweilig klingt. Gleichsam ist der statische Auftrieb ein mittelbarer Konstruktionsparameter, der mit dem Raum, also der dritten Potenz eines signifikanten Längenmaßes wächst. Mit der (irgendeiner) signifikanten Länge wächst die umhüllende Fläche (verantwortlich für die Friktion des Systems) nur mit der zweiten Potenz. Ein klares positives Argument und ein Vorteil für den statischen Auftrieb, den nichttransienten Fall. Überaschender Weise fallen uns also Gestaltungsfreiheiten hin zu voluminösem Design in den Schoß? Nein, kein leichtes Spiel, leider nicht; Raum ist bei der Entwicklung fluidischer Systeme kritisch und durchaus eine knappe Ressource.

Statischen Auftrieb kann mit LTW-Matertialien (Lighter than Water) realisiert werden. Ein prominentes LTW-Material bei Seefahrzeugen ist Luft. Unter Druck und als Pneu ergeben sich vielfältige Gestaltungsmöglichkeiten; von der schwimmenden Hüpfburg bis zum 3X300-PS-Zodiak. Der Hohlkiel, ein LTW-Matertialien enthaltendes, „voluminöses" Bauteil im Lateralplan eines Seefahrzeugs, steht aber nicht auf der Agenda maritimer Zukunftstechnik.
Gleichzeitig kreisen die rezenten Konstruktionsparadigmen für Segelyachten mit aller Deutlichkeit um einen Zugewinn an „Sail-Performance"; wobei in der Szene und auch gerade bei den Yachtdesignern bezüglich Performance in erster Linie die Bootsgeschwindigkeit als Bestimmungsgröße gilt. Die gewichtsstabile langkielige Yacht ist vollständig aus den Portfolios führender Werften verschwunden; selbst im Freizeitbereich dominiert das gewichtsreduzierte, schnelle Boot: das agile System. Es gibt aber warnende, eher konservative Stimmen, die die Entwicklung hin zu immer agileren Systemen kritisch sehen.

Ein extrem agiles und gleichzeitig seetüchtiges Fahrsystem ist die polynesische Segelproa. Variationen der robusten Zweirumpfboote, den Proas mit Krabbenscherensegel, werden auf 2000 bis 2700 Jahre vor unserer Zeitrechnung datiert. Durch die Erfindung des Auslegers (polynesisch: Ama) konnte der Primärrumpf (polynesisch: Wa-a) so schmal konstruiert werden, dass hohe Geschwindigkeiten erreichbar sind. Gleichsam sind tiefkielige Hauptrümpfe in Beschreibungen und Exponaten überliefert. Diese Rümpfe sind hohl. Die exzellente Technik der Polynesier und der Völker des pazifischen Raums, insbesondere die Navigations- und Schiffstechnik wurde von den Entdeckern in ihrer Exzellenz und Leistungsfähigkeit vollkommen unterschätzt.
Die Funde von Sekundärrümpfen polynesischer Proas aus Zeiten vor dem Auftauchen der europäischen Entdecker besitzen besondere fluidmechanische Merkmale, die den Schluss nahelegen, dass diese Strömungsbauteile auch im vollgetauchten Betrieb statischen Auftrieb und dynamischen Auftrieb produzieren und somit Trage- und Stabilisierungsaufgaben erfüllen. Im Wellengang sind derartige Systeme in der Lage, die in der Welle freiwerdende Wasseroberfläche horizontal zu schneiden (horizontal Wave Piercing). Wir würden diese Betriebsweise heute „Foilen" nennen!
Das Gesamtsystem Proa mit dem statischen Auftrieb generierenden und LTW-Matertialien enthaltenden Primärrumpf und den dynamischen Auftrieb herstellenden, in diesem Sinne foilenden Sekundärrumpf stellt ein sehr

komplexes und außerordentlich leistungsfähiges Fernfahrsystem dar. Die Proa ist ein Seefahrzeug vom Stand der Technik.

In einer systematischen vergleichenden Untersuchung von Lateralplänen unterschiedlicher Seefahrzeuge kann gezeigt werden, dass die Fläche des Lateralplans und die Flächenverteilung der Kiele der Segelproa die formalen Kriterien der Seetüchtigkeit besser erfüllen, als Kiele vom Stand der Technik.

Die passive Resistenz gegen Rollbewegung, die aus dem Lateralplan herrührt ist erwartungsgemäß bei einer langkieligen Yacht am stärksten ausgeprägt, weil die Flächenwirkung des Langkielers die Rollstabilität rein quantitativ bevorteilt.

Wenn aber nun der Fläche des Lateralplans keine Masse unterliegt, ein interessantes (Gedanken-) Konstrukt, das bei keiner rezenten Yacht identifiziert wird, kommen wir zu dem kuriosen Ergebnis, dass einerseits der Lateralplan passive Resistenz gegen Rollbewegung leistet und damit die Seetüchtigkeit verbessert, andererseits das Unterwasserschiff einer derartigen Konstruktion Auftrieb erzeugt und damit zur Agilität im Betrieb des Fahrsystems beiträgt.

Wir haben uns in diesem Abschgnitt einer graduellen Betrachtung der physikalischen Geschehnisse um das Unterwasserschiff bedient. In der einen Richtung die Flächeneffekte des Lateralplans und die Trägheitsmomente 2. Ordnung, auf der anderen Hand die gravitativen Effekte, die von den „in den Flächen geborgenen“ Massen handeln. Ich fasse noch einmal die Informationen aus der Untersuchung der Lateralpläne, respektive Kiele artfizieller und auch biologischer Schwimmsysteme zusammen:

(1) Hohlkiele sind voluminös, enthalten im Bereich des Unterwasserschiffs LTW-Matertialien (Lighter than Water-Materials) und generieren statischen Auftrieb.
(2) Hohlkiele sind möglich, aber schwer vorstellbar. Es sind keine rezenten Konstruktionen bekannt.
(3) Ausgeprägte Kiele, so auch Hohlkiele, vergrößern den Lateralplan eines Seefahrzeugs und leisten passive Resistenz gegen die Rollbewegung. Passive Resistenz gegen Rollen dieser Art trägt zur Seetüchtigkeit des Fahrsystems bei.
(4) Feststehende Hohlkiele generieren statischen Auftrieb. Dieserart vertikale Kraftkomponenten können, je nach Art und Verteilung im Unterwasserschiff, die Agilität des Seefahrzeugs verstärken.

Soweit zu Lateralplänen und zur Stabilität und Agilität artifizieller Schwimmsysteme. Was bedeutet das Gesagte nun für das Langsamsurfen? Wir verstanden das Langsamsurfen als Halbtauchersurfen. Die hydrodynamischen Geschehnisse beim Surfen, dem Wellenreiten mit Surfbrettern, unterscheiden kollossal von den Prozessen im und am Unterwasserschiff des Halbtauchers. Das auf den ersten Blick eher langweilige Langsamsurfen fordert uns dennoch vor dem Hintergrund seiner komplizierten Physik allen Respekt ab. Mehr noch: Das Langsamsurfen verlangt eine totalere Sicht auf die physikalischen Vorgänge am Surfsystem, weil dieses die geringeren Energiemargen beim Halbtaucherfahren zu einem stabilen Gleichgewichtszustand ausbalanzieren muss. Es können und müssen die Agilität des Schwimmers und seine Stabilität im Sinne von Resistenz gegenüber Schiffsbewegungen in einer komplizierten Szenerie als theoretische Modelle gegenüber gestellt werden. In diesem Sinn kommt auch der Langsamsurfer nicht ohne eine deutliche Referenz an die Kriterien resilienter, seetüchtiger Systeme aus.

Wozu könnte das gut sein? Das Halbtauchersurfen ist von seiner Physik her durchaus auf unterschiedlichen Skalen darstellbar. Nur die Randbedingungen des Langsamsurfens sind es nicht. Unsere Betrachtungen oben setzen die Welle, den Schwall, die Woge voraus. Wellengeschwindigkeiten, Wellenhöhen Richtung und Richtungssinn bleiben als natürliche Phänomene von den lokalen Gegebenheiten Wetter, Strömung, Superpositionen, abhängig. So, wie wir nur am oder vor dem Wind segeln können, können wir wahrscheinlich nur an oder vor der Woge surfen. Ob es gelingt, auf einer Grünen Welle gegen die Laufrichtung zu surfen, konnte ich in der Erörterung oben noch nicht klären. Diese Frage bedarf einer weiteren Untersuchung. Wellen auch mit einem Halbtauchersystem schräg abzusurfen, ist Stand der (Betreibens-) Technik, wir haben hierzu die Metapher der Luvgeschwindigkeit (im englischen: Velocity Made Good, VMG) bemüht.

Ich habe so getan, als sei die Welle eine Ressource[26]. Diese Annahme sollte im Rahmen unserer Spekulationen, im Sinne von Beobachtung, korrekt sein. Bleibt das Größenordnungsproblem. Ausser einem sehr frechen Surfsystem drehten unsere Betrachtungen sich um den surfenden Kolbenwasserkäfer. Ihm sollen auch unsere Schlußgedanken zum Langsamsurfen geören.

[26] Eine Ressource [ʀɛˈsʊʀsə] (französisch la ressource [ʀəˈsuʀs], deutsch ‚Mittel, Quelle‘ von lateinisch resurgere, deutsch ‚hervorquellen‘) ist Mittel, Gegebenheit wie auch Merkmal bzw. Eigenschaft, um Ziele zu verfolgen, Anforderungen zu bewältigen, spezifische Handlung zu tätigen oder einen Vorgang zielgerecht ablaufen zu lassen. https://de.wikipedia.org/wiki/Ressource

HYDROPHIL und –PHOB

Der Große Kolbenwasserkäfer (Hydrophilus piceus) ist mit einer Länge von bis zu fünf Zentimetern der größte Wasserkäfer Europas. Er zeigt bei der Atmung einige höchst interessante Anpassungen an das Wasserleben und steht wegen seiner zunehmenden Gefährdung unter Naturschutz. Zur Atmung kommt der Kolbenwasserkäfer mit seinem Vorderende an die Wasseroberfläche. Er hält den Kopf von unten an den Wasserspiegel und neigt sich dabei leicht nach einer Seite, er krängt. Auf der Körperunterseite tragen die Käfer eine dichte goldgelbe Behaarung (Pubescenz), zwischen dem zweiten und dritten Beinpaar und entlang der Flügeldeckenränder und vom Dorn über dem Brustkiel. Unter der Behaarung wird der Luftvorrat in Hohlräumen (Kavitäten) mittransportiert.

Dieses Luftkissen auf der Körperunterseite wird von einem Kiel und den überstehenden Deckflügelrändern gehalten und reicht bis zu den ersten

Hinterleibsegmenten. Die gehaltene Luftschicht wird Plastron genannt, womit ursprünglich das Brustleder einer Panzerung bezeichnet wurde [Kolb-18].
Das Foto des Hydrophilus gehört nicht zu den besten. Doch was wir sehen, ist bemerkenswert. Er hat einen Kiel, er hat eine Finne. Nein weniger einen Kiel eher ein Rail, ein Center-Rail. Und dann das: Rail und Finne erscheinen in einer integrierten Konstruktion. Aus der systemischen Sicht betrachtet, ist die Rail-Fin-integration dieses biologischen Schwimmers eine extreme Funktionsüberlagerungen. Mit der Kompaktheit und der mechanischen Robustheit dieser Konstruktion erfüllt Hydrophilus ad hoc die Resilienzkriterien moderner maritimer Fahrsysteme. Die oben zitierte Untersuchung stellt die über den Lateralplan definierten geometrischen Seetauglichkeitskriterien des Kolbenwasserkäfers fest. Wir haben darüber hinaus Anlass zu vermuten, dass dieses komplexe Bauteil, das wir die Rail-Fin-Integration (FRI) nennen, ein hohles Strömungsbauteil ist. Hier stehen noch detaillierte Untersuchungen an.
Sollte sich diese Vermutung bestätigen, wäre der Kolbenwasserkäfer neben der polynesischen Segelproa (ihrem Primärrumpf) ein einzigartiges maritimes Schwimmsystem mit einem Hohlkiel. Wir haben uns anfangs gefragt, wozu dies gut sein kann, wofür es taugt. Ich neige inzwischen zu der Hypothese, dass der Hohlkiel, sollte er sich als ein solcher beweisen, eine Art hydrodynamischen Zaum darstellt. Stellen wir hierzu mutmaßungen über den Betrieb, den Wasserkäfer in Fahrt an. Das statischen Auftrieb generierende System Hohlkiel des Kolbenwasserkäfers wird jetzt zu einer Scheidewand Luft haltender Bereiche seines Unterwasserschiffs. Vor dem Hintergrund der Lebensweise des Käfers ergäbe das Sinn. Er benötigt die Luft zur Atmung, er nutzt sie aber gleichzeitig um seinen Friktionswiderstand in Fahrt zu minimieren. Diese Funktionsintegration wird dadurch erreicht, dass in die Oberfläche seiner fluidmechanisch wirksamen Strömungsbauteile besonders gestaltete, hydrophobe Luft haltende Kavitäten integriert sind. Bei Seefahrzeugen, die gelegentlich krängen und dann Teile ihres Unterwasserschiffs der Luftatmosphäre freigeben kommt es im Betrieb zu einer „Beladung“ der hydrophoben Kavitäten mit Luft. Diese Beladung kann gelegentlich oder periodisch erfolgen immer dann, wenn das Fahrsystem krängt. Etwa in einer Wende oder einer Halse. Also beim Manövrieren. Für einen im Schwall oder auf einer Woge „surfenden“ Halbtaucher wäre solch ein Manöver reine Routine. Das gesamte Unterwasserschiff des Kolbenwasserkäfers ist einzig dazu ausgelegt, auf einem Bug zu Fahren. Dies wäre eine weitere Hypothese, die es zu prüfen gelte.

Fahren wir fort mit unseren Spekulationen (im Sinne von Beobachtungen) und einigen Hypothesenkomponenten. Der Hohlkiel des Kolbenwasserkäfers ist voluminös und generiert statischen Auftrieb weil er sehr wahrscheinlich LTW-Matertialien (Lighter than Water-Materials) im Bereich des Unterwasserschiffs enthält. Selbst wenn der Kiel andere Substanzen als LTW-Materialien enthielte, (vulgär: irgendwelche Körpersäfte) sollten diese die Dichte von Wasser nur im einstelligen Prozentbereich übersteigen; übrigens eine nette Definition für ein LAW-Material (Light As Water-Material). Eine Agumentation, die wir so der ähnlich auch aus der Welt der Artefakte, ewa bei Ballasttanks) kennen und im Rahmen einer Funktionaanalyse überprüfen sollten. Der ausgeprägte Hohlkiel also vergrößert den Lateralplan des Kolbenwasserkäfers und leistet passive Resistenz gegen die Rollbewegung in Fahrt. Passive Resistenz dieser Art trägt immer zur Seetüchtigkeit bei. Da der feststehende Hohlkiel statischen Auftrieb generiert und somit eine positive, vertikale Kraftkomponente liefert, kann dies die Agilität des Lebewesens verbessern. Diese Funktionsintegration wäre ebenfalls äußerst bemerkenswert. In der artifiziellen Welt gäbe es hierzu keinerlei oder kaum Äquivalente, vielleicht die Segel-Proa, vielleicht das foilende Boot.

Weil die an den Prozessen im Betrieb beteiligten physikalischen Wirkmechanismen von hoher Komplexität und bislang schlecht erforscht sind, werden der vergleichende wissenschaftliche Untersuchungen mit dem Ziel einer Übertragung auf maritime Technik nötig. Im Rahmen dieser Untersuchungen wären zuerst aus der Phänomenologie des Kolbenwasserkäfers die Hypothesen über die Funktion und Gestalt zu formulieren, um dann in einer klug angelegten (Funktions- und Gestalt-) Analyse schrittweise Antworten auf die gestellten und vielleicht sogar die ungestellten Forschungsfragen zu erarbeiten.

In dieser Hoffnung möchte ich den Aufsatz unvollendet abschließen.

Berlin im April 2018

Bibliographie und weiterführende Literatur

[BaNe-98] Barthlott, W.; Neinhuis, C.: Lotusblumen und Autolacke – Ultrastruktur pflanzlicher Grenzflächen und biomimetische unverschmutzbare Werkstoffe. Biona Report 12, Schriftenreihe der Wissenschaften und der Literatur, Mainz. Gustav Fischer-Verlag, Stuttgart 1998.

[Bann-02] Bannasch, Rudolph. Vorbild Natur. In: design report 9/02, S.20ff. Blue.C Verlag Stuttgart: 2002.

[Bapp-99] Bappert, R. Bionik, Zukunftstechnik lernt von der Natur. SiemensForum München/Berlin und Landesmuseum für Technik und Arbeit in Mannheim (Herausgeber): 1999

[Bech-93] Bechert, D.W.: Verminderung des Strömungswiderstandes durch bionische Oberflächen. In: VDI-Technologieanalyse Bionik, S. 74 – 77. VDI-Technologiezentrum Düsseldorf 1993.

[Bech-97] Bechert, D.W., Biological Surfaces and their Technological Application. 28th AIAA Fluid Dynamics Conference: 1997

[Cal-84] Calder, W.A. (1984) Size, Function and Life History. Harvard University Press. Cambridge 431pp.

[Die 18] Dienst, Mi. (2018) Über Lateralpläne, Resilienz und Seetüchtigkeit. About the Origin of Resilience and Seaworthiness. GRIN-Verlag GmbH München, ISBN(e-Book): 9783668655294, ISBN(Buch): 9783668655300

[Die11-1] Dienst, Mi. (2011) Hrsg. Transactions in Bionic Engineering Design, Vol.-Nr.001. BOD Verlag Norderstedt. ISBN 978-3-8423-2714-6.

[Die 11-2] Dienst, Mi., (2011) Bionic Research Unit Berlin. Rezente Bionikforschung an der Beuth Hochschule für Technik Berlin, In: 5. Bremer Bionik Kongress –Tagungsbeiträge. Hrsg.: Antonia B. Kesel, Doris Zehren, S. 200-203. ISBN 978-3-00-033467-2

[Die09-4] Dienst, Mi.(2009) Physical Modelling driven Bionics. GRIN-Verlag München.

[DUB-95] Dubbel, Handbuch des Maschinenbaus, Springer Verlag Berlin, 15.Auflage 1995.

[Fli-02] Flindt, R. (2002) Biologie in Zahlen Berlin: Spektrum Akademischer Verl.

[Fren-94] French, M.: Invention and Evolution: design in nature and engineering. Cambridge University Press. Cambridge 1994.

[Fren-99] French, M.: Conceptual Design for Engineers. Berlin, Heidelberg, New York, London, Paris, Tokio: Springer: 1999

[Gel-10] Produktinformation, 05 2010, GELITA 69412 Eberbach. www.gelita.com

[Guen-98] Günther, B., Morgado, E. (1998) Dimensional analysis and allometric equations concerning Cope's rule. Revista Chilena de Historia Natural 71: 331-335, 1989

[Gör-75] Görtler, H. Diemensionsanalyse. Berlin Springer 1975

[Guen-66] Günther, B., Leon, B. (1966) Theorie of biological Similarities, nondimensional Parameters and invariant Numbers. Bulletin of Mathematical Biophysics Volume 28, 1966.

[Gutm-89] Gutmann, W.: Die Evolution hydraulischer Konstruktionen. Verlag W. Kramer: Frankfurt am Main, 1989.

[Hüt-07] Hütte, 2007, 33. Auflage, Springer Verlag. S.E147

[Hux-32] Huxley, J.S. (1932) Problems of relative Growth. London: Methuen.

[Liao-03] Liao, J.C.; Beal, D.; Lauder, G.; Triantayllou, M. Fish Exploting Vortices Decrease Muscle Activty. In: Science 2003, S. 1566-1569. AAAS. 2003.

[Matt-97] Mattheck, C.: Design in der Natur. Rombach Verlag. Freiburg 1997.

[Nac-01] Nachtigall, W. (2001) Biomechanik. Braunschweig: Vieweg Verlag.

[Nach-98] Nachtigall, W. : Bionik – Grundlagen und Beispiele für Ingenieure und Naturwissenschaftler. Springer-Verlag, Berlin-Heidelberg-New York 1998.

[Nach-00] Nachtigall, Werner; Blüchel, Kurt. Das große Buch der Bionik. Stuttgart: Deutsche Verlags Anstalt: 2000.

[PaBe-93] Pahl. G.; Beitz, W.: Konstruktionslehre, 3.Auflage. Berlin-Heidelberg-New York-London-Paris-Tokio: Springer 1993

[Pflu-96] Pflumm, W. (1996) Biologie der Säugetiere. Berlin: Blackwell Wissenschaftsverlag.

[Rech-94] Rechenberg, Ingo. Evolutionsstrategie'94. Frommann-Holzoog Verlag. Stuttgart: 1994.

[Schü-02] Schütt, P., Schuck, H-J., Stimm, B. (2002) Lexikon der Baum- und Straucharten. Nikol, Hamburg, ISBN 3-933203-53-8

[Tho-59] Thompson, D'Arcy, W. (1959) On Growth and Form. London: Cambridge University Press. (Neuauflage der Originalschrift 1907)

[Tho-92] Thompson, D W., (1992). *On Growth and Form*. Dover reprint of 1942 2nd ed. (1st ed., 1917). ISBN 0-486-67135-6

[Tria-95] Triantafyllou, M.: Effizienter Flossenantrieb für Schwimmroboter. In: Spektrum der Wissenschaft 08-1995, S. 66–73. Spektrum der Wissenschaft- Verlagsgesellschaft mbH, Heidelberg 1995.

[Zie - 72] Zierep, J. (1972) Ähnlichkeitsgesetze und Modellregeln der Strömungslehre. Karlsruhe: Braun Verlag 1972.

Lateralplanloser Grundkörper

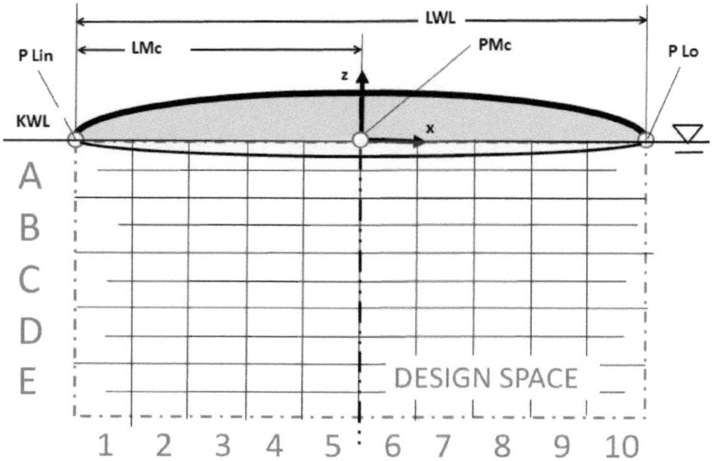

Lateralplanloser GrundkörperTyp: 000.000.BAS

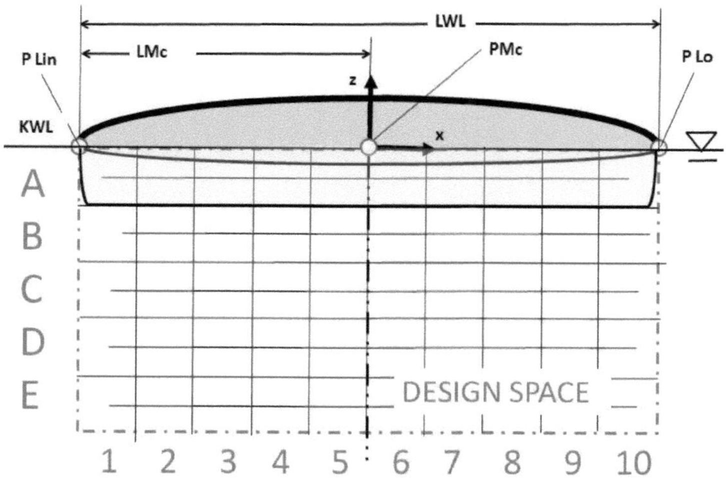

Generalisierter Halbtaucher: 001.001.GEHA

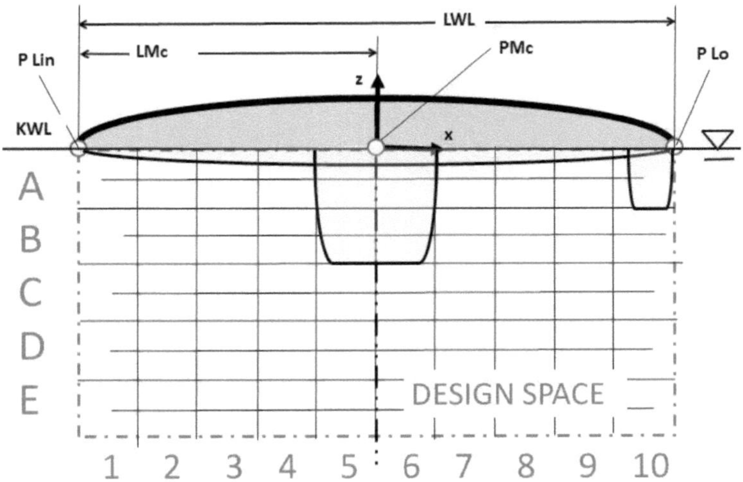

FahrtenYacht : 001.000.FAHR

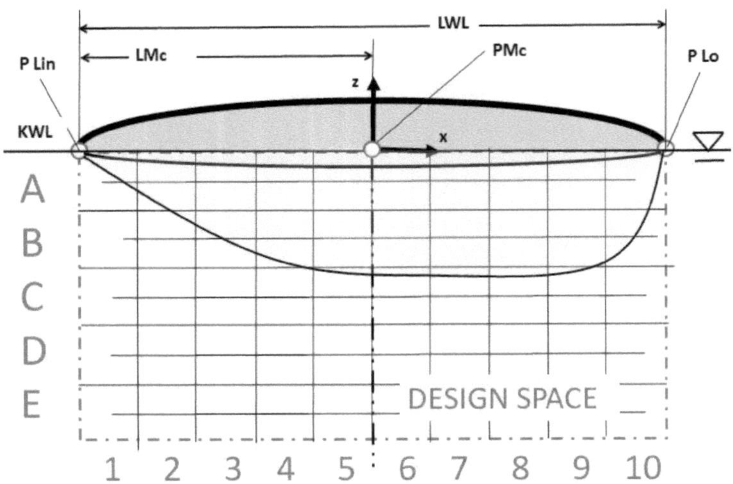

LangkielYacht : 001.000.LANG

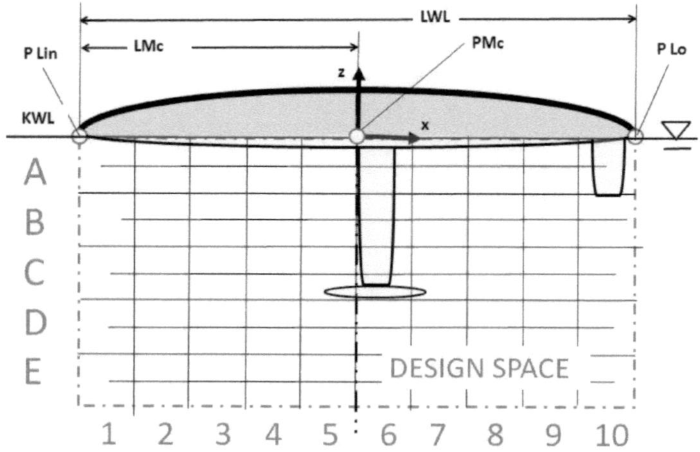

RennYacht : 001.000.RENN

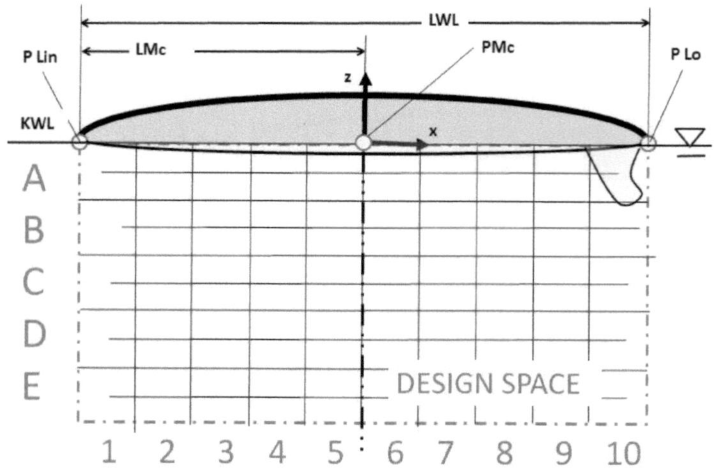

Surfboard : 001.000.SURF

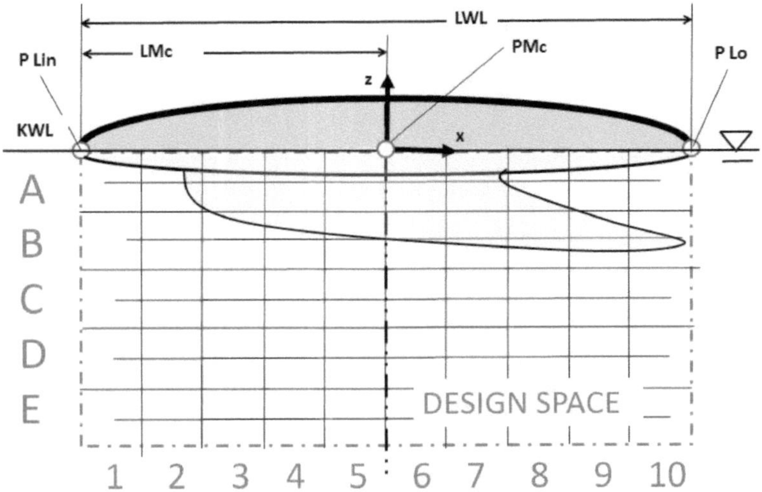

KolbenwasserKäfer: 001.001.KAEF

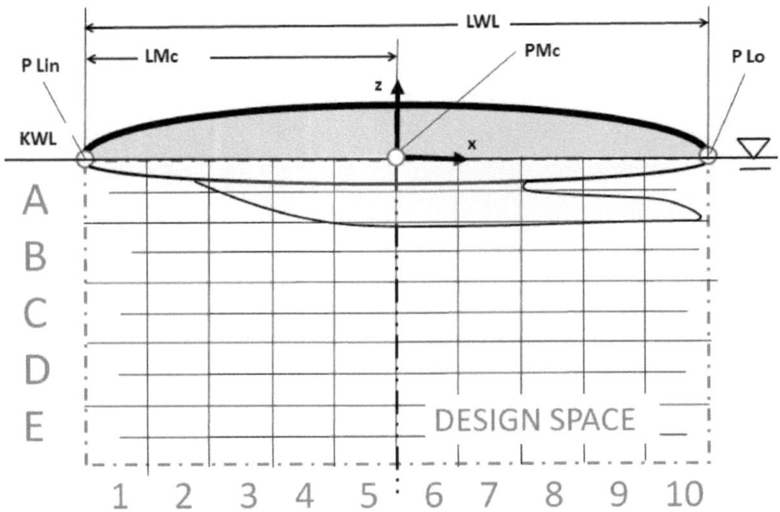

KolbenwasserKäfer : 002.001.KAEF

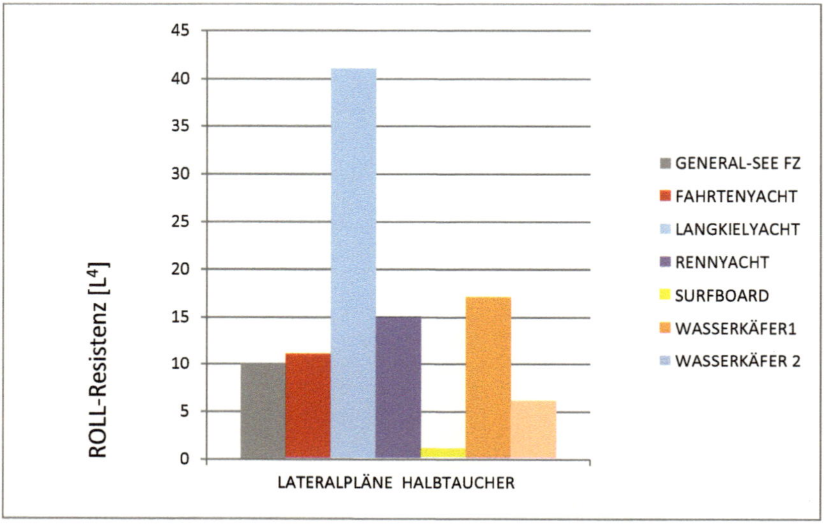
45
40
35
30
25
20
15
10
5
0
ROLL-Resistenz [L4]
LATERALPLÄNE HALBTAUCHER
GENERAL-SEE FZ
FAHRTENYACHT
LANGKIELYACHT
RENNYACHT
SURFBOARD
WASSERKÄFER1
WASSERKÄFER 2

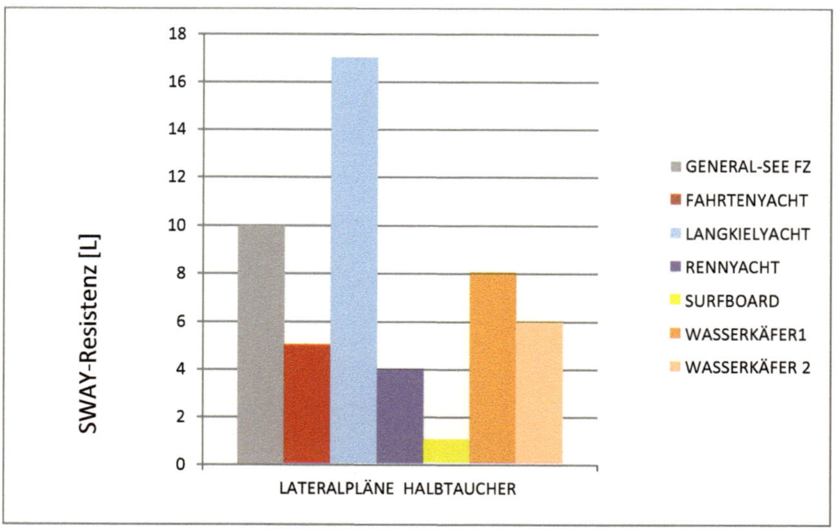
18
16
14
12
10
8
6
4
2
0
SWAY-Resistenz [L]
LATERALPLÄNE HALBTAUCHER
GENERAL-SEE FZ
FAHRTENYACHT
LANGKIELYACHT
RENNYACHT
SURFBOARD
WASSERKÄFER1
WASSERKÄFER 2

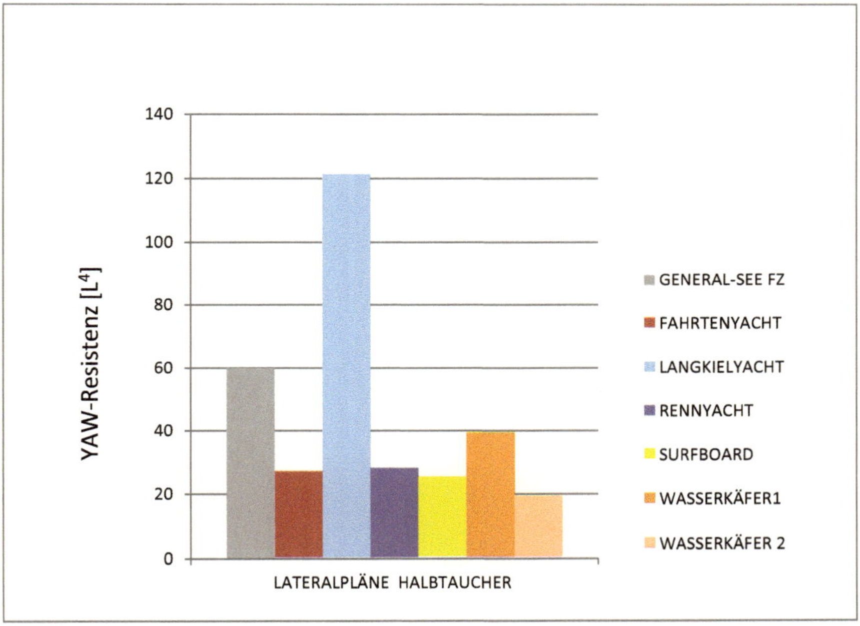
140
120
100
80
60
40
20
0
YAW-Resistenz [L4]
LATERALPLÄNE HALBTAUCHER
GENERAL-SEE FZ
FAHRTENYACHT
LANGKIELYACHT
RENNYACHT
SURFBOARD
WASSERKÄFER1
WASSERKÄFER 2

Tabelle T03 der digitalisierten Messdaten
aus Sharma, S.D. (1969) Some results concerning the wavemaking of a thin ship. *J. Ship Research*

FR [-]	CW [-]
0.20117246	2.2529272E-4
0.2280293	3.5494147E-4
0.26259473	4.5269358E-4
0.279157	6.5704266E-4
0.2994777	0.001033111
0.32131052	9.5882313E-4
0.33553335	7.234023E-4
0.35095605	6.488852E-4
0.3777581	8.857726E-4
0.389132	0.0012079008
0.42823383	0.0024640132
0.45231843	0.0030010769
0.477822	0.00327009
0.5073032	0.003281868
0.54584616	0.003122385
0.587019	0.0028343073
0.79163396	0.0013295296

Graph G04: Erwartungswerte kumulierter Mess- und Berechnungsdaten.

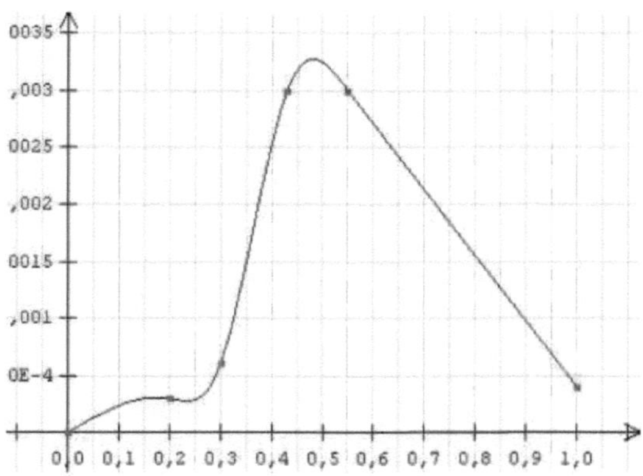

Weitere Referenzen

Wilson W, Fu T, Pence A, Gorski J (2006) The measured and predicted wave field of model 5365: an evaluation of current CFD capability. In: Proceedings of 26th Symposium on Naval Hydrodynamics, Rome, Italy

Noblesse F, Delhommeau G, GuilbaudM, Hendrix D, Yang C (2008) Simple analytical relations for ship bow waves. J Fluid Mech 600:105–132

Delhommeau G, Guilbaud M, David L, Yang C, Noblesse F (2009) Boundary between unsteady and overturning ship bow wave regimes. J Fluid Mech 620:167–175

Fernandez G (1978) Nonlinearity of the three-dimensional flow past a flat blunt ship. J Fluid Mech 108:345–361

Duncan JH (1983) The breaking and non-breaking wave resistance of a two-dimensional hydrofoil. J Fluid Mech 126:507–520

Michell JH (1898) The wave resistance of a ship. Philos Mag (5) 45:106–123

Hogner E (1932) Hydromech. Probl. d. Schiffsantriebs, Herausgeg.v.Kempf u. E. Foerster, Hamburg, pp 99–114

Noblesse F (1983) A slender-ship theory of wave resistance. J Ship Res 27:13–33

Wigley WCS (1926) Ship wave resistance. A comparison of mathematical theory with experimental results. Trans Inst Naval Architects 68:124–137

Weinblum GP (1955) A systematic evaluation of Michell's integral. David Taylor Model Basin Rep. 886

Weinblum GP (1959) Applications of wave resistance theory to problems of ship design. Schriftenenreihe Schiffbau. Technische Universität Hamburg-Harburg, pp 119–163

Wehausen JV (1973) The wave resistance of ships. Adv Appl Mech 13:93–245

Yeung RW (1972) Sinkage and trim in first-order thin-ship theory. J Ship Res 16:47–59

Standing RG (1974) Phase and amplitude discrepancies in the surface wave due to a wedge-ended hull form. J Fluid Mech 62:625–642

Tuck EO, Lazauskas L (2008) Drag on a ship and Michell's integral. In: ICTAM 2008, Adelaide, South Australia

Day AH, Doctors LJ (2001) Rapid evaluation of near and far field wave wake from ships and application to hull form design and optimization. J Ship Res 45:73–84

Noblesse F, Delhommeau G, Kim HY, Yang C (2009) Thin-ship theory and influence of rake and flare. J Eng Math 64:49–80

Noblesse F, Delhommeau G, Yang C, Kim HY, Queutey P (2011) Analytical bow waves for fine ship bows with rake and flare. J Ship Res 55:1–18

Letcher JS, Marshall JK, Olliver JC, Salvesen N (1987) Stars and Stripes. Sci Am 257:34–40

Debo H,Yunbo L (1997) Shipwave resistance based onNoblesse's slender ship theory andwave-steepness restriction. Ship Technol Res 44:198–202

Percival S, Hendrix D, Noblesse F (2001) Hydrodynamic optimization of ship hull forms. Appl Ocean Res 23:337–355

Yang C, Soto O, Löhner R, Noblesse F (2002) Hydrodynamic optimization of a trimaran. Ship Technol Res 49:70–92

Tuck EO, Lazauskas L (2008) Unconstrained ships of minimum total drag. Department of Applied Mathematics, The University of Adelaide, Adelaide

Yang C, Noblesse F (2008) A practical method for predicting sinkage and trim. Int J Offshore Polar Eng 18:288–291

Brard R (1972) The representation of a given ship form by singularity distributions when the boundary condition on the free surface is linearized. J Ship Res 16:79–92

Guevel P, Vaussy P, Kobus JM (1974) The distribution of singularities kinematically equivalent to a moving hull in the presence of a free surface. Int Shipbuild Prog 21:311–324

Farell C (1973) On the wave resistance of a submerged spheroid. J Ship Res 17:1–11

Doctors LJ, BeckRF (1987) Convergence properties of the Neumann–Kelvin problem for a submerged body. J Ship Res 31:227–234

Belibassakis KA, Gerostathis TP, Politis CG (2009) A novel BEM-Isogeometric method with application to the wavemaking resistance problem of bodies at constant speed. In: 13th Cong InternationalMaritime Association of the Mediterranean. IMAMIstanbul, Turkey

Guevel P, Delhommeau G, Cordonnier JP (1977) Numerical solution of the Neumann–Kelvin problem by the method of singularities. In: Proceedings of 2nd International Conference on Numerical Ship Hydrodynamics, Berkeley, CA, pp 107–123

Tsutsumi T (1979) Calculation of the wave resistance of ships by the numerical solution of Neumann–Kelvin problem. In: Proceedings of workshop ship wave-resistance computations. David W Taylor Naval Ship Research and Development Center, Bethesda, MD, pp 162–201

Chang MS (1979) Wave resistance predictions by using a singularity method. Proceedings of workshop ship wave-resistance computations. David W Taylor Naval Ship Research and Development Center, Bethesda, MD, pp 202–204

Tsai W, Lin Y, Liao C (1983) Numerical solution of the Neumann–Kelvin problem and its application to ship resistance computations. In: Proceedings of 2nd David W Taylor Naval Ship Research and Development Center Workshop on Ship Wave Resistance Computations, Bethesda, MD, pp 233–280

Baar JJM (1986) A three-dimensional linear analysis of steady ship motion in deep water. PhD thesis, Brunel University, 182 pp

Andrew RN, Baar JJM, Price WG (1988) Prediction of ship wavemaking resistance and other steady flow parameters using Neumann–Kelvin theory. Proc R Inst Naval Architects, 130:119–133

Baar JJM, Price WG (1988) Developments in the calculation of the wavemaking resistance of ships. Proc R Soc Lond Ser A 416:115–147

Doctors LJ, Beck RF (1987) Numerical aspects of the Neumann–Kelvin problem. J Ship Res 31:1–13

Scragg CA, Talcott JC (1988) Convergence of the Neumann–Kelvin problem. In: 3rd International Workshop on Water Waves and Floating Bodies, Woods Hole, MA, pp 153–156

Marr GP (1996) An investigation of Neumann–Kelvin ship wave theory and its application to yacht design. PhD thesis, University of Auckland

Diebold L (2007) Study of the Neumann–Kelvin problem for one hemisphere. In: 22nd International Workshop on Water Waves
and Floating Bodies, Plitvice, Croatia, pp 57–60

Nakos D, Sclavounos P (1980) On steady and unsteady ship wave patterns. J Fluid Mech 215:263–288

Raven HC (1996) A solution method for the nonlinear ship wave problem. PhD thesis, Delft University of Technology

Bertram V (2000) Practical ship hydrodynamics. Butterworth-Heinemann, Oxford

Bal S (2008) Prediction of wave pattern and wave resistance of surface piercing bodies by a boundary element method. Int J Numer
Methods Fluids 56:305–329

Noblesse F, Delhommeau G, Huang F, Yang C (2011) Practical mathematical representation of the flow due to a distribution
of sources on a steadily-advancing ship hull. J Eng Math 71:367–392

Noblesse F, Yang C (2007) Elementary water waves. J Eng Math 59:277–299

Noblesse F, Triantafyllou G (1983) Explicit approximations for calculating potential flow about a body. J Ship Res 27:1–12

Noblesse F (1981) Alternative integral representations for the Green function of the theory of ship wave resistance. J Eng Math
15:241–265
Noblesse F, Yang C (2004) A simple Green function for diffraction-radiation of time-harmonic waves with forward speed. Ship
Technol Res 51:35–52

Yang C, Löhner R, Noblesse F (2004) Comparison of classical and simple free-surface Green functions. Int J Offshore Polar Eng
14:257–264

Noblesse F (2001) Analytical representation of ship waves. Ship Technol Res 48:23–48

Noblesse F, Delhommeau G, Huang F,YangC(2001) Short gravitywaves due to a steadily-advancing ship hull. In: 26th International
Workshop on Water Waves and Floating Bodies, Athens, Greece

Yang C, Kim HY, Delhommeau G, Noblesse F (2007) The Neumann–Kelvin and Neumann–

Michell linear models of steady flow
about a ship. In: Guedes Soares C, Kolev P (eds) International Maritime Association of the Mediterranean conference, Varna
Bulgaria; in Maritime Industry, Ocean Engineering and Coastal Resources, vol 1, Maritime Transportation. Taylor and Francis,
London, pp 129–136

Yang C, Kim HY, Noblesse F (2007) A practical method for evaluating steady flow about a ship. In: 9th International Conference
on Fast Sea Transportation, Shanghai, China

Kim HY, Yang C, Löhner R, Noblesse F (2008) A practical hydrodynamic optimization tool for the design of a monohull ship. In:
18th International Society of Offshore and Polar Engineering conference, Vancouver, Canada, pp 98–107

Yang C, Kim HY, Löhner R, Noblesse F (2008) Practical hydrodynamic optimization of ship hull forms. In: Proceedings of the
Grand Challenges in Modeling and Optimization Conference, Edinburgh, UK, pp 435–444

Kim HJ, Yang C, Kim HY, Chun HH (2009) Hydrodynamic optimization of a modern container ship using variable fidelity models.
In: 19th international Society of Offshore and Polar Engineering conference, Osaka, Japan, pp 98–107

Kim HY, Yang C, Kim HJ, Noblesse F (2009) Application of a practical multi-objective optimization tool to hydrodynamic design
of a surface combattant ship. In: Proceedings of the Grand Challenges in Modeling and Optimization Conference, Istanbul, Turkey

Kim HY, Yang C, Noblesse F (2010) Hull form optimization for reduced resistance and improved seakeeping via practical designoriented
CFD tools. In: Proceedings of the Grand Challenges in Modeling and Optimization Conference, Ottawa, Canada

Kim HY, Yang C, Kim HJ, Chun HH (2010) A combined local and global hull form modification for hydrodynamic optimization.
In: Proceedings of 28th Symposium on Naval Hydrodynamics, Pasadena, CA

Kim HY, Jeong S, Yang C, Noblesse F (2011) Hull form design exploration based on response surface method. In: 21st International
Society of Offshore and Polar Engineering Conference, Maui, USA